AF500401

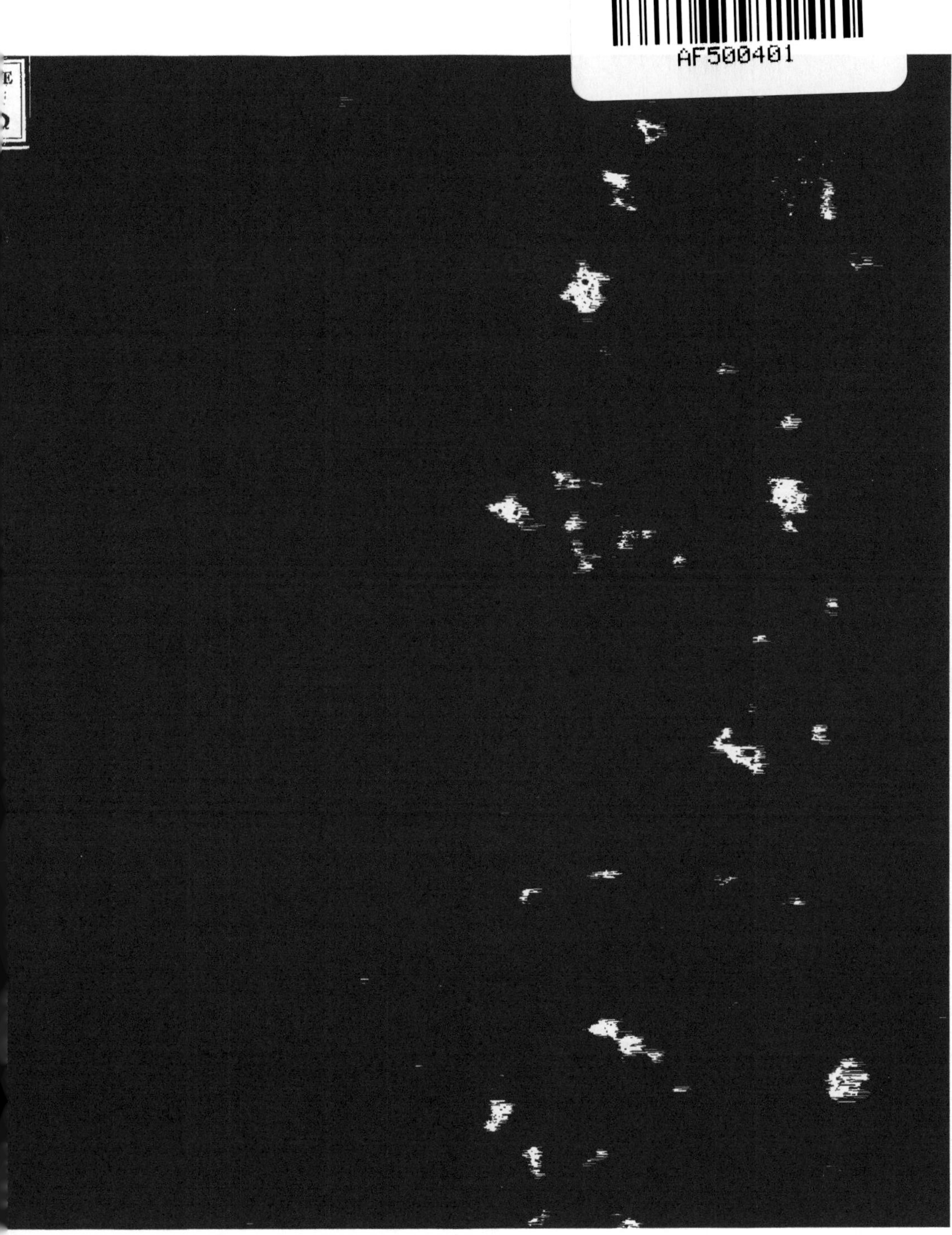

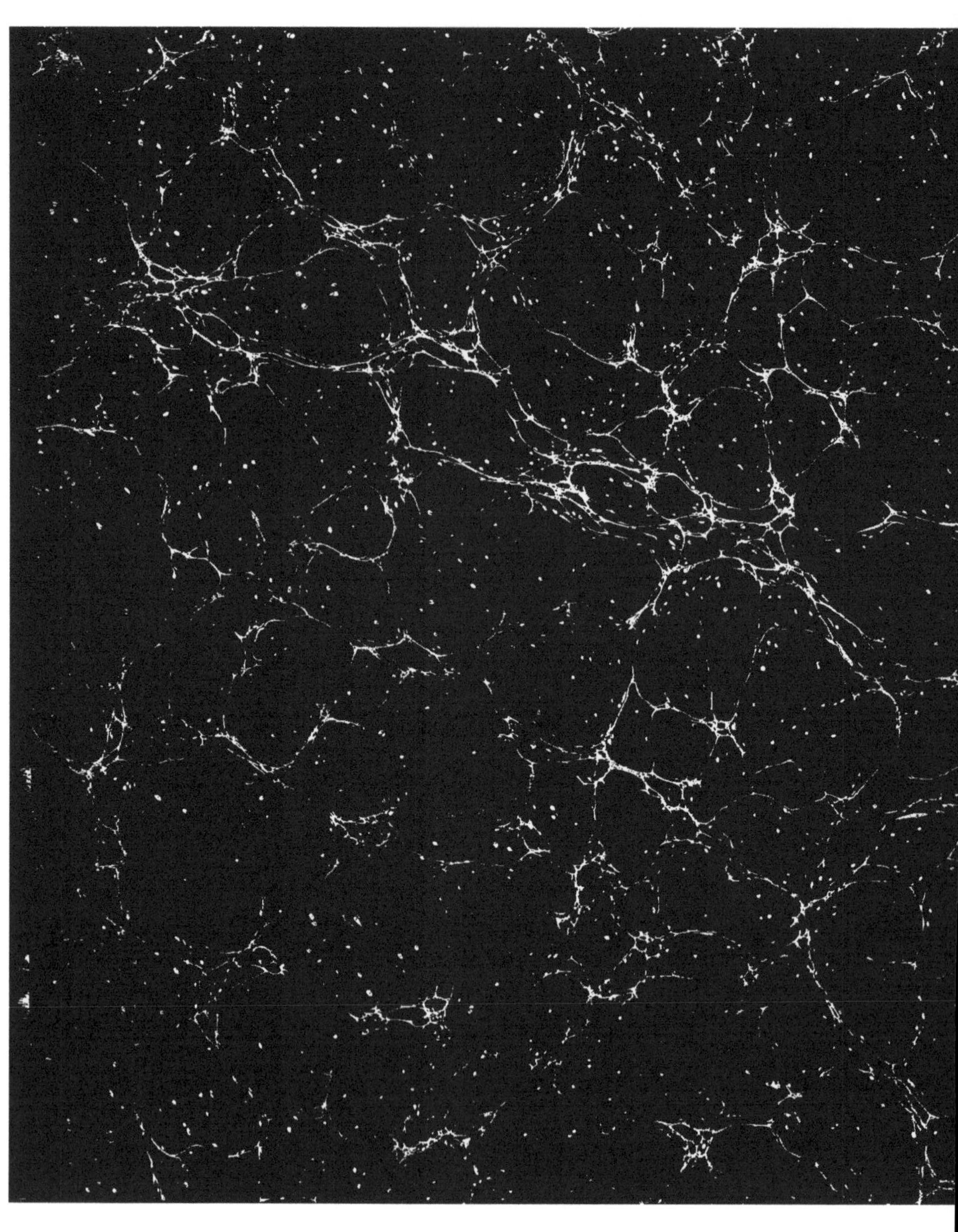

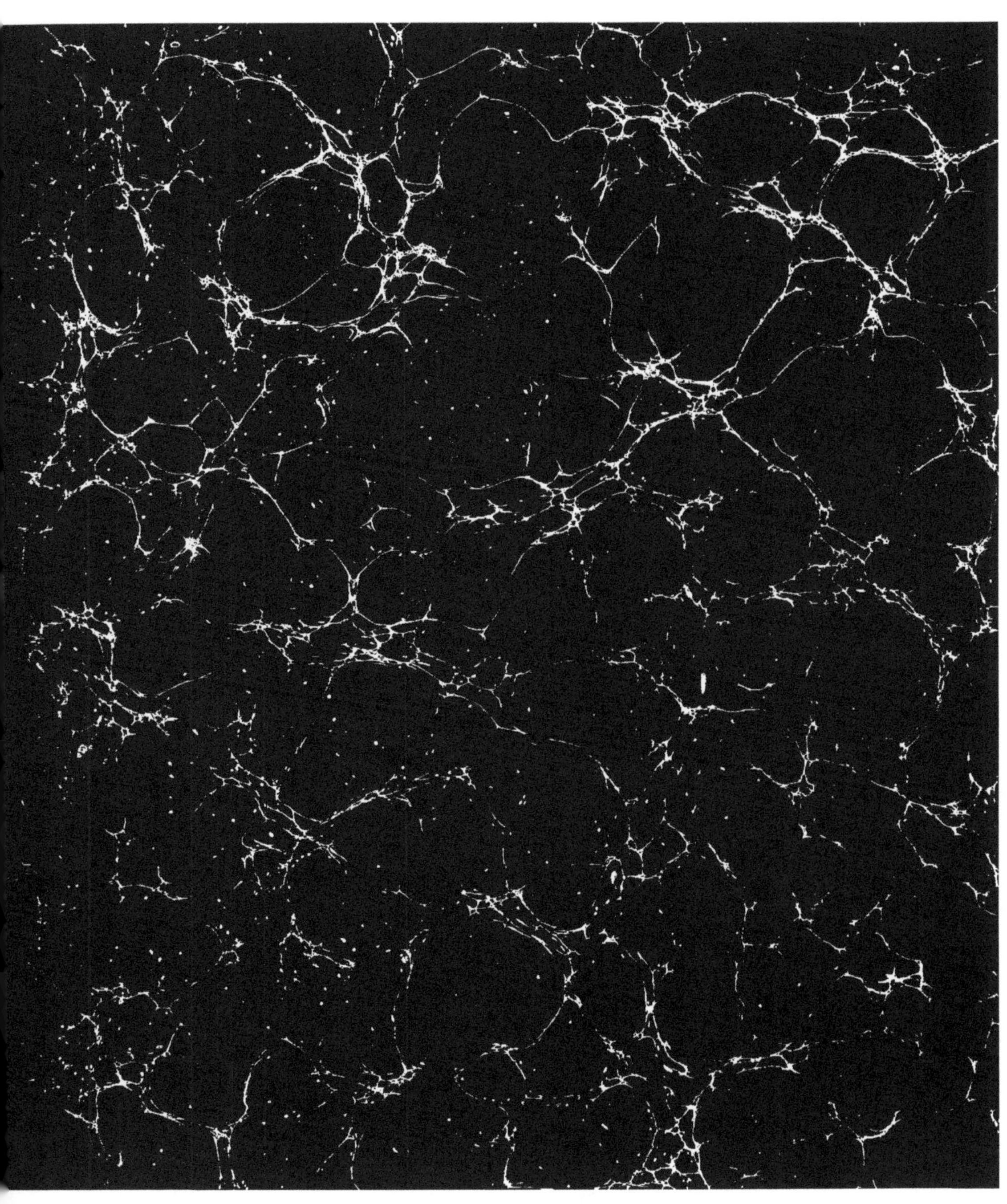

MÉMOIRE

SUR LA CONSTRUCTION DES

BATIMENTS EN FER.

IMPRIMERIE DE Mme Ve BOUCHARD-HUZARD,
rue de l'Éperon, 7.

MÉMOIRE

SUR LA CONSTRUCTION DES

BATIMENTS EN FER

ADRESSÉ A M. LE MINISTRE DE LA MARINE ET DES COLONIES

PAR

M. DUPUY DE LÔME,

Ingénieur de la marine.

PARIS,

ARTHUS BERTRAND, LIBRAIRE-ÉDITEUR,

LIBRAIRE DE LA SOCIÉTÉ DE GÉOGRAPHIE,

rue Hautefeuille, 23.

1844.

RAPPORT

SUR LES

BATIMENTS EN FER,

PAR

M. DUPUY DE LÔME,

sous-ingénieur de la marine.

INTRODUCTION.

Ayant reçu mission, au mois de juin 1842, d'aller en Angleterre examiner l'état des procédés qui y sont en usage pour la construction des navires en fer, étudier leurs perfectionnements récents et tous les développements acquis par cette industrie nouvelle, les nombreuses observations que j'ai été à même de recueillir, et qui ont fait, à mon retour, l'objet d'un rapport, ont paru intéresser assez les progrès de notre marine militaire et commerciale, pour que le ministre jugeât utile d'en répandre la connaissance dans nos ports et en ait ordonné l'impression.

Chargé de leur donner une forme appropriée au but de cette publication, je me suis efforcé d'obtenir que, sous le moindre volume possible, il ne manquât rien au complet, ni à la clarté de mon exposé, de manière que les ateliers français y trouvassent une direction assurée pour se mettre immédiatement au niveau de ce qu'il y a de mieux chez nos voisins.

Le sujet se trouve naturellement divisé en deux parties.

La première présente les considérations générales qui ont déterminé l'emploi des bâtiments en fer, et fournit les moyens d'en apprécier les avantages et les inconvénients : ils y sont comparés aux bâtiments construits en bois sous les points de vue de la solidité, de la légèreté, des qualités à la mer et pour le combat, du plus ou moins de facilité et de fréquence des réparations, de la durée et du prix de revient.

La seconde partie réunit tous les renseignements nécessaires à leur exécution matérielle ; elle contient l'analyse de chacun de leurs détails, en mentionnant les diversités qui se remarquent, dans le mode d'assemblage et l'échantillon des matériaux, entre quelques constructeurs jouissant d'une réputation méritée ; elle appuie les règles de beaucoup d'exemples pris sur des bâtiments sortis des principaux chantiers de Liverpool, Bristol et Glascow.

Le travail de la mise en place des pièces y est expliqué.

Je la termine en indiquant l'outillage dont un chantier destiné à ce genre de construction a besoin d'être muni, et quel doit y être l'assortiment du personnel de différentes professions.

Un atlas, sur une grande échelle, représente tout ce qui est décrit dans le texte.

RAPPORT

SUR LES

BATIMENTS EN FER.

PREMIÈRE PARTIE.

Notice historique sur l'usage des bâtiments en fer en Angleterre.

Les constructeurs anglais s'accordent à rapporter l'origine des bateaux en fer à l'année 1805 : ce fut dans la navigation des canaux qu'ils parurent d'abord ; aujourd'hui on en exécute de tous côtés pour ce genre de service, et l'on en peut voir quelques-uns encore en fort bon état, qui, depuis vingt et quelques années, ont soutenu un travail continuel.

Il résulte d'une lecture faite à la dernière réunion de l'association britannique de Glascow, au sujet de cette application du fer à la construction, et d'un écrit de M. John Grantham, présenté, au mois de juin 1842, à la Société polytechnique de Liverpool, que le premier bateau de cette espèce sur lequel on ait mis une machine à vapeur a été construit, en 1821, par une compagnie formée, à Horsley, par MM. Mamby et Napier (maintenant amiral). Ce bâtiment, appelé *le Aaron-Mamby,* fut envoyé par parties à Londres, et y fut assemblé dans un dock ; il fut expédié de là directement pour le Havre, sous le commandement du capitaine Napier, emportant un chargement de pièces de machinerie, avec lequel il remonta la Seine jusqu'à Paris, où il arriva un peu avant le milieu du mois de juin 1822. Quelque temps après, M. Mamby construisit, à Horsley, un autre bateau à vapeur en fer pour la navigation de la Seine; mais, vu la loi française sur la naturalisation des navires étrangers, il en fit assembler les diverses pièces à l'usine de Charenton, dont il était alors sociétaire, et où deux autres furent immédiatement après construits pour la même rivière.

A cette époque, M. Cavé, mécanicien, à Paris, commença aussi à fabriquer de ces bateaux métalliques sur la Seine.

En 1824, la compagnie des bâtiments à vapeur du Shannon fit construire un premier navire en fer, bientôt suivi de cinq autres, et tous, m'a-t-on dit, continuent de se conserver en bon état.

Peu de temps après, MM. Fawcett et Preston firent exécuter, sous la direction de M. Page, le premier de ces bâtiments qui ait été fait à Liverpool. M. Laird vint ensuite, opérant sur une large échelle, et n'a pas cessé depuis de marcher en avant, encouragé par des succès non interrompus. M. Fairbairn doit être aussi compté parmi ceux qui donnèrent l'impulsion en Angleterre. Après avoir débuté à Glascow, il vint s'établir sur l'île aux Chiens, vis-à-vis Greenwich, où lui et M. Ditchbrun sont aujourd'hui les deux principaux constructeurs de la Tamise : ce sont eux qui ont fait la plupart de ces élégants et rapides bateaux en fer qui sillonnent cette rivière, et qu'on a pris partout pour modèles.

Pendant longtemps néanmoins, quoique les avantages des bateaux en fer ne fussent plus contestés pour les rivières, on hésita à les employer sur l'Océan : beaucoup de préjugés, de doutes raisonnables et de difficultés réelles, parmi lesquelles dominait celle des perturbations du compas, inspiraient de la timidité, et ne laissèrent les essais à la mer se développer qu'avec lenteur. Il y avait trop loin encore de ces bateaux de rivière si frêles à des navires capables de résister au gros temps : on redoutait l'action de l'eau salée sur le métal, et bien des personnes pensaient que l'usage du fer se bornerait à la navigation des lacs et des fleuves. On commença cependant à oser faire des paquebots pour les côtes ; puis, peu à peu, l'art se perfectionnant et les faits propres à donner cette confiance se multipliant, on en vint, par degrés, jusqu'à construire des bâtiments à voiles pour les voyages de l'Amérique et des Indes orientales. C'est en 1838 que *le Iron-Sides,* jaugeant 200 tonneaux, fut construit, à Liverpool, par MM. Jackson, Gardon et compagnie ; il entreprit le premier un voyage dans le Nord, et fit trois traversées consécutives de Liverpool en Amérique, avec des chargements de coton ; il réussit parfaitement, et, comme j'ai eu occasion de le voir haler à terre, pour visiter sa carène, au mois d'août 1842, j'aurai, plus loin, à reparler en détail de ce bâtiment.

Dès 1833, M. Laird avait construit deux bateaux à vapeur en fer, de 90 chevaux, pour la compagnie de Dublin, qui se loue chaque jour de leur bon service. De 1834 à 1839, le même constructeur a envoyé en Amérique quatre bateaux en fer de 60 chevaux, et, dans les Indes, huit de 30 à 70 chevaux, pour le compte de la compagnie des Indes orientales ; mais tous furent expédiés par pièces à leur destination, avec des ouvriers pour en faire le montage (1); et ce n'est qu'en 1840 que sont partis, pour les Indes orientales, au compte de la même compagnie, deux steamers de guerre tout armés : *le Phlegethon*, de 90 chevaux, et *la Nemesis*, de 120 chevaux. Ces deux bâtiments en fer ont joué un rôle des plus actifs dans la guerre que les Anglais viennent de faire sur la côte de la Chine (2), et ils n'ont jamais eu besoin de quitter le théâtre des opérations, tandis que les steamers en bois attachés à l'escadre ont été, chacun à leur tour, se réparer à Bombay. Toutes les nouvelles que l'on a eues de ces bâtiments concourent à établir leurs bonnes qualités.

Au mois de juin 1842, M. Laird venait de terminer un bateau à vapeur de guerre de la force de 180 chevaux, muni d'une assez forte voilure et armé de deux pièces de canon à pivot, lançant des boulets pleins de 64 livres; ce bâtiment, appelé *Guadalupe,* a été complétement armé à Liverpool, pour le compte du gouvernement mexicain; sa construction, remarquable par une solidité peut-être même excessive, présente dans ses détails d'excellentes combinaisons, dont la description se trouve dans la seconde partie de ce rapport et dans les dessins qui lui sont annexés.

Voici la liste des bâtiments en fer à vapeur et à voiles construits et en cours de construction dans les ateliers de M. Laird jusqu'en septembre 1842.

---

(1) Les pièces *du Nimrod*, *du Nitocris* et de *l'Assyria* (trois bâtiments de 40 chevaux), avec des ouvriers pour le montage, partirent de Liverpool, sur *l'Uranie*, en juin 1839, et arrivèrent à Bassorah en décembre de la même année; on commença à assembler *le Nimrod* le 28 décembre. En avril 1840, ce bateau et les deux autres pouvaient commencer leur service, et les ouvriers s'embarquaient pour revenir en Angleterre.

(2) Consulter à cet égard les papiers de Canton, janvier 1841. (Attaque des forts de Chempec par les Anglais.)

NUMÉROS.	NOMS.	LONGUEUR sur le pont, mesure angl. (*)	LARGEUR au maître, mesure anglaise.	TONNAGE anglais.	PUISSANCE des machines.	NATURE DU SERVICE.
1	Lady Lansdowne....	133	17	184	90	Sur le lac Derg.
2	John Randolph.....	110	22	249	60	De Savannah à Augusta.
3	Garryowen........	130	21	263	90	Shannon.
4	Euphrates.........	105	19	179	50	Sur l'Euphrate et le Tigre.
5	Tigris.............	90	16	109	20	Perdu sur l'Euphrate.
6	Chatam............	120	26	875	60	De Savannah à Augusta.
7	Eliza-Price.........	90	18	136	50	De Woodside à Liverpool.
8	Duncannon.......	115	19	189	65	Waterford et Duncannon.
9	L'Egyptien.........	125	18	188	45	Alexandrie, Caire, etc.
10	Indus..............	115	24	308	60	De Bombay à l'Indus.
11	Rainbow..........	198	25	581	180	De Londres à Anvers.
12	Savannah..........	115	24	308	60	De Savannah à Augusta.
13	Glow-vorm........	160	22	362	110	Yacht à vapeur.
14	Voador............	100	15	102	30	Rio-Janeiro.
15	Robert F. Stockton..	70	10	33	30	New-York.
16	Bateau............	115	25	332	70	Savannah.
17	Ditto.............	115	25	332	70	Dito.
18	Comet............	132	18	205	40	Sur l'Indus.
19	Meteor............	102	18	153	34	Dito.
20	Duchess of Lancaster.	125	20	229	90	Lancaster et Liverpool.
21	Nimrod...........	103	18	153	40	Sur l'Euphrate et le Tigre.
22	Nitocris...........	103	18	153	40	Dito.
23	Assyria...........	103	18	153	40	Dito.
24	W. W. Fry........	168	23	630	à voiles	De Mobile à la Nouvelle-Orléans.
25	Ariadne...........	139	26	432	70	De Bombay à l'Indus.
26	Medusa...........	139	26	432	70	Dito.
27	Phlegethon.........	161	26	510	90	En Chine.
28	Nemesis...........	169	29	660	120	Dito.
29	Bateau............	132	18	205	40	Sur la Vistule.
30	Ditto..............	102	18	153	24	Dito.
31	Dover.............	113	21	228	90	Douvres, Ostende, Calais.
32	Cayman..........	58	16	61	à voiles	Demerara.
33	Dorcetz...........	123	22	274	50	Rivière Denetz.
34	Soudan............	113	22	250	35	Expédition du Niger.
35	Albert............	138	27	459	70	Dito.
36	Wilberforce........	138	27	459	70	Dito.
37	Nun..............	105	20	187	60	Woodside Ferry.
38	Lady Flora Hastings.	105	20	187	50	Demerara.
39	Bateau............	68	16	75	12	Calcutta.
40	Barque............	110	23	270	à voiles	
41	Proto.............	78	20	140	à voiles	
42	Guadalupe.........	187	30.1	788	180	Frégate à vapeur.
43	Brick-Pilote.......	92	24 6	220	à voiles	Calcutta.
44	Feu-Flottant........	98	21	200	»	»

(*) Le pied anglais est égal à 0m,305.

M. Laird n'est pas resté seul constructeur en fer à Liverpool. J'ai déjà cité MM. Jackson, Gardon et compagnie, auteurs du *Iron-Sides,* qui ont aussi fait quatre ou cinq bâtiments de moindres dimensions. Un autre chantier, dont les navires ont bien réussi, quoique d'une exécution inférieure à ceux de M. Laird, est celui de M. Thomas Vernon et compagnie, d'où sont sortis plusieurs bateaux pour les canaux, vingt-trois bateaux pour la cité de Dublin, un steamer de 120 chevaux, pour la compagnie d'Assaud, achevé au mois d'août 1840, et, en dernier lieu, *le Troubadour,* de 220 chevaux, achevé en octobre 1841, et faisant depuis des voyages de Liverpool à Bristol.

Il y a, en outre, dans ce même port, MM. Grantham et compagnie, qui ont fait plusieurs bateaux en fer pour la rivière Mersey et les environs, ainsi que le paquebot à vapeur *le Brigand,* de 200 chevaux : celui-ci est excessivement faible de membrure et présente des systèmes d'assemblage que je citerai ailleurs comme défectueux. La même compagnie réparait, pendant mon séjour à Liverpool, *le John-Garrow*, bâtiment à voiles jaugeant, par la mesure anglaise, 555 tonneaux.

Ce dernier, construit à Aberdeen, fut lancé au commencement de 1840; il partit pour Bombay, avec un lourd chargement, au mois d'avril de la même année, et, après environ douze mois d'absence, il revint à Liverpool avec une cargaison prise à Bombay. *Le John - Garrow*, de construction vicieuse sous tous les rapports, forme et exécution, n'a eu, par suite, aucune qualité à la mer; il marchait fort mal, ne gouvernait pas, et il a endommagé sa cargaison en faisant de l'eau par presque toutes les jonctions des parties en bois avec les parties métalliques. Certaines personnes de Liverpool, dont les intérêts ont à souffrir de l'introduction des bâtiments en fer, n'ont pas manqué de saisir cette occasion pour décrier dans les journaux ce genre de constructions, leur prêtant à toutes les défauts particuliers au *John-Garrow,* et tirant parti, dans le même sens, de l'événement du *John-Duke*, autre bâtiment à voiles de 350 tonneaux, qui, après avoir fait un voyage à Calcutta, s'était perdu ensuite sur un banc de roches près de Yarmouth, en revenant de la Baltique. A entendre les antagonistes, c'était un vice inhérent aux bâtiments en fer que celui de mal gouverner, tandis que, dans des articles contraires, les défendeurs, s'appuyant du succès de tel ou tel autre bâtiment en fer, prétendaient, avec tout aussi peu de raison, leur attribuer, par excellence, la propriété de bien gouverner, comme si la matière composante de la coque pouvait avoir la moindre influence, en plus ou en moins, sur cette propriété.

Les vrais connaisseurs ne pouvaient être arrêtés par ces vaines controverses, et l'un des témoignages les plus marquants du progrès, c'est la récente création d'un atelier spécial, à Liverpool, par M. Wilson, jusque-là constructeur de tous les grands steamers en bois : on lui doit, en dernier lieu, *l'Indostan*, de 520 chevaux, magnifique navire qui a donné de brillants résultats à ses épreuves, faites au mois d'août dernier. Ce constructeur, jouissant de la confiance de tous les armateurs du pays, est bien à l'abri de cette objection, qui s'est ainsi répétée, que les bâtiments en fer n'ont été prônés que par les possesseurs d'usines et fabricants de chaudières à vapeur, afin d'étendre le cercle de leur industrie.

Pendant que j'étais à Liverpool, M. Wilson y mettait en chantier son premier bâtiment en fer, paquebot à vapeur destiné à la compagnie de Dublin. La force, le système de la machine, les dimensions du bâtiment, et jusqu'à la question de savoir si on le ferait en fer ou en bois, tout a été discuté et convenu entre M. Wilson et MM. Fawcett et Preston, que la compagnie de Dublin a laissés complétement libres à ce sujet, leur demandant seulement un bâtiment solide, destiné à prendre deux ou trois jours de charbon au plus, une centaine de tonneaux de marchandises et environ cent passagers, mais qui, surtout, ne se laissât battre par aucun des paquebots de Glascow. MM. Wilson et Fawcett, après mûre réflexion, se sont décidés pour une machine de 320 chevaux, à balanciers, sur un bâtiment en fer dont les dimensions et l'échantillon des matériaux se trouvent à la seconde partie de ce rapport.

Après Liverpool, parmi les ports de construction en fer qui ont déjà beaucoup produit, je citerai Glascow, dont les bâtiments, sur la ligne de Liverpool à Glascow, sont, sans contredit, les plus rapides paquebots de mer qui existent; et, parmi eux, la supériorité appartient à *la Princesse-Royale*, bâtiment en fer de la force de 390 chevaux, construit, coque et machine, par MM. Tod et Mac-Gregor.

Ces constructeurs avaient exécuté, jusqu'au mois de juillet 1842, dans leur chantier sur la Clyde, à Glascow, six bâtiments à voiles de 200 à 300 tonneaux, vingt bateaux à vapeur de rivière de 30 à 50 chevaux, puis, comme paquebots d'ordre supérieur, les cinq bâtiments suivants.

NOMS des bâtiments.	LONGUEUR.		LARGEUR.		DIAMÈTRE des cylindres.		DIAMÈTRE des roues.		LONGUEUR de course.		Puissance des chev.	NATURE du service.
	pieds.	mètres.	pieds.	mètres.	pieds.	mètres.	pieds.	mètres.	pieds.	mètres.		
	angl.	français.	angl.	français	angl.	français	angl.	français	angl.	français		
Le Inverary-Castle.	130	39m650	20	6m100	57	1m447	16	4m880	4	1m220	100	De Glascow à Inverary.
Le Royal-Souverain	195	59 475	22	6 710	55	1 397	21	6 450	5	1 525	220	De Glascow à Liverp.
Le Royal-George..	200	61 000	24	7 320	60	1 520	23	7 015	5	1 525	240	Id.
La Princesse-Royale	216	65 880	28	8 540	73½	1 866	29	8 997	6 3	1 906	390	Id.
Sur chantier......	196	59 780	22	6 710	55	1 397	21	6 450	5	1 525	220	Id.

A côté des chantiers de MM. Tod et Mac-Gregor se trouve l'atelier de machines de M. Wingate, qui était sur le point d'achever, au mois de juillet 1842, la construction d'un bâtiment à vapeur en fer, destiné à recevoir une machine à clocher de 220 chevaux, en montage dans son atelier. M. Wingate avait déjà construit, à cette époque, les cinq bâtiments dont les noms suivent.

NOMS DES BATIMENTS.	LONGUEUR.		LARGEUR.		CREUX.		PUISSANCE en chevaux.
	Pieds.	Mètres.	Pieds.	Mètres.	Pieds.	Mètres.	
	anglais.	français.	anglais.	français.	anglais.	français.	
Le Kernscott (bât. à voile).	70	21m350	18	5m490	10	3m050	»
Le Lochlomond....... .	96	29 280	17	5 185	8	2 440	60
La Bristish-Queen.......	125	38 175	17 6	5 337	8 6	2 592	90
Le Prince-Albert.......	110	33 550	17 6	5 337	8 6	2 592	65
Celui sur chantier.......	165	50 325	28	8 540	16	4 880	220

Les procédés adoptés par ces deux principaux constructeurs en fer de Glascow diffèrent, en bien des points, de ceux employés à Liverpool; ils visent à utiliser, dans toute son étendue, la faculté que leur donne le métal de construire des bâtiments moins pesants; ils ont poussé fort loin la légèreté de leurs coques, mais, quant au fini de leur travail, il est loin d'égaler celui des constructions de M. Laird.

Il a été fait aussi plusieurs navires en fer au bas de la rivière de Glascow, à Greenock; mais, à l'époque de mon séjour, il ne s'y exécutait plus aucun travail important dans ce genre.

Je terminerai cette énumération des chantiers de bâtiments en fer que j'ai pu visiter en Angleterre en parlant de celui de la compagnie du *Great-Western*, à Bristol, où s'exécute maintenant l'essai le plus gigantesque qui ait été tenté depuis longtemps dans la marine; je veux parler de la construction du *Great-Britain*, nommé d'abord *America*, puis *Mammouth*. Ce bâtiment sera mû par une hélice recevant son mouvement d'une machine de la force de 1,280 chevaux; les proportions de la coque sortent tout à fait de celles expérimentées jusqu'à ce jour. Il eût été matériellement impossible d'en relier convenablement les différentes parties au moyen du système de construction en bois le mieux combiné, même en lui donnant un poids bien supérieur à celui de 1,000 tonneaux, que l'auteur du plan, M. Patterson, s'est proposé de ne pas dépasser pour le bâtiment achevé, sans les emménagements et la mâture. Le déplacement, une fois le charbon presque consommé, n'excédera guère 2,000 tonneaux, et cela avec une longueur de 92 mètres sur le pont. Certes, au milieu de cette réunion d'applications hardies et nouvelles qu'on trouve dans le *Great-Britain*, ce déplacement minime, à côté de cette longueur sans pareille, est bien la plus hardie de toutes : on n'a pu raisonnablement la tenter qu'en mettant à profit la légèreté et la connexion parfaite qu'on peut allier dans les bâtiments en fer.

Lorsque je suis parti de Bristol, la machine du *Great-Britain*, en montage dans l'atelier, avait tous ses organes complets, moins l'hélice, et la communication de mouvement entre son arbre et l'arbre principal. A bord du navire, il y avait encore à terminer le prolongement de la quille, le second étambot qui portera le gouvernail, et l'extrémité de l'arbre de l'hélice; mais j'ai pu en voir toutes les pièces déjà faites et n'attendant plus que la mise en place; les ponts étaient achevés, on travaillait avec activité aux salons et aux cabines, et sans doute ce nouveau bâtiment va bientôt apparaître sur la scène maritime.

Les autres bâtiments en fer en cours d'exécution à Bristol, à la même époque, n'offraient que peu d'intérêt; mais je dois citer les constructions, système mixte fer et bois, de MM. Acreman et Morgan, qui avaient déjà achevé, à cette époque, *l'Archiduc-Frédéric*, de 120 chevaux, avec quille, étrave et étambot en chêne, membrure en fers d'angle chevillés à la quille, bauquières, barrots et bordages intérieurs en bois. Je n'aurai pas occasion de revenir sur ce mode particulier de constructions mixtes, mais on peut trouver, à leur sujet, de plus amples informations dans le rapport du dernier voyage en Angleterre de M. l'ingénieur de la marine Moissard.

Après avoir donné un aperçu du développement qu'a pris, en Angleterre, l'application du fer pour remplacer le bois dans les constructions des bâtiments de toutes sortes et de toutes grandeurs, passons en revue les nombreuses raisons qui militent en faveur des bâtiments en fer, et examinons aussi les inconvénients qu'ils pourraient offrir dans telle ou telle circonstance, inconvénient dont, je m'empresse de le dire, aucun n'est de nature sérieuse ou tel qu'on ne soit déjà arrivé à l'écarter.

De la connexion des parties des bâtiments en fer.

Examinons successivement les deux systèmes de bordé extérieur, l'un en tôle et l'autre en bois.

Le premier, composé de pièces rivées, sur tout leur contour, les unes avec les autres, rivées encore avec la quille, l'étrave et l'étambot, forme de tout le revêtement extérieur du bâtiment une seule et même pièce métallique que nous pouvons imaginer indépendante de toute membrure intérieure, sans que le tout cesse d'être parfaitement lié.

Les bordages en bois, au contraire, complétement impropres à se relier avec ceux qui leur sont juxtaposés, si ce n'est dans les petites constructions à clins, ne restent assemblés qu'en vertu de leur liaison avec la membrure et avec le vaigrage intérieur : leur position, sensiblement parallèle à la longueur du navire, fait que, pour résister aux forces qui tendent à produire l'arc ou le contre-arc, chaque bordage, depuis le plat-bord jusqu'à la quille, fatigue séparément par flexion, tandis que, dans le flanc d'un bâtiment en tôle, les parties supérieures et inférieures travaillent par traction et compression longitudinales; dès lors, aucun arc ni contre-arc sensible ne peut se produire, et les parties du revêtement, près de la flottaison, ne se ressentent en rien de ces efforts.

Pour s'opposer à l'arc dans les bâtiments en bois, on a été obligé d'introduire les vaigres obliques et les bandes en fer diagonales qui ont donné de fort bons résultats. Or la solidarité de toutes les tôles extérieures du bâtiment en fer constitue une résistance équivalente à celle de toutes les bandes obliques qu'on voudra imaginer dans telle ou telle direction de la surface; aussi, dans ces constructions, un bordé extérieur, d'épaisseur convenable, peut-il dispenser du vaigrage.

Nous avons dit que la membrure d'un bâtiment en fer n'est pas nécessaire pour relier les bordages entre eux ; son rôle est de résister aux chocs et pressions extérieurs, de créer pour les machines des bases ou des points d'attache supérieurs sensiblement invariables, enfin d'anéantir les trépidations fatigantes qui ébranlent ces bâtiments, quand ils n'ont au dedans qu'un appui trop faible pour réagir convenablement contre le dehors. C'est encore la membrure qui transmet et distribue à l'intérieur, sur la surface des tôles, les poids des ponts et du chargement de la cale; fonctions qui toutes doivent aussi être remplies par la membrure d'un bâtiment en bois, concurremment avec la première et principale, qui est de donner une tenue suffisante aux chevilles, clous et gournables qui retiennent les bordages juxtaposés. De ces considérations ressort un premier motif pour que, dans un bâtiment en fer, le poids des membres ne soit qu'une fraction bien moindre du poids total de la coque qu'il ne l'est dans un bâtiment en bois.

Ensuite, dans l'exécution de cette membrure, quel avantage n'ont pas encore les cornières en fer sur des allonges en bois, pour former un tout continu ? Remarquons d'abord qu'il n'y a d'autre limite à la longueur des pièces de cornière pour membrure que celle qui rendrait leur poids peu maniable. Cette condition oblige à restreindre le nombre des pièces élémentaires à souder dans le prolongement l'une de l'autre; d'ailleurs, des cornières croisées sur une faible longueur, ou placées bout à bout, avec une courte pièce sur le joint, peuvent s'écarver de manière à former un membre simple qui soit continu d'un plat-bord à l'autre; ce membre n'éprouvera d'autre diminution de force que celle due aux trous des rivets, diminution qu'on peut atténuer autant qu'on le voudra, pourvu qu'on ait la précaution de les percer toujours près de la fibre qui restera invariable de longueur, pendant le phénomène de la flexion. Or, pour obtenir la même continuité dans un couple en bois, on est obligé d'avoir recours au couple double qui, considéré à part, n'a réellement pour section résistante à la flexion que la moitié de la section totale.

Des considérations de même nature s'appliquent à l'exécution de tous les écarts de pièces de quille, carlingues, bauquières, etc., qui, par le croisement d'une petite fraction de la longueur totale des pièces, ou par la superposition d'un morceau sur le joint, peuvent toutes être regardées comme continues d'un bout à l'autre du navire. Pour les barrots qu'on a la faculté de se procurer en bois d'une seule pièce, l'avantage du fer est moins évident à priori; cependant on verra plus tard, lors de l'exposé des procédés employés pour la construction des barrots en fer, que leur liaison avec la muraille est certainement plus parfaite que celle que comporte un barrot en bois; on verra aussi qu'avec la forme donnée à sa section transversale un barrot en fer, à poids égal, offre une plus grande résistance à la flexion qu'un barrot en bois.

Cet avantage ne disparaît que pour les épontilles, que certains constructeurs ont faites cependant en fer rond massif, obtenant ainsi de forts tirants bien disposés pour résister à l'écartement des ponts, mais impropres à s'opposer à leur rapprochement; aussi a-t-on conservé, en général, les épontilles en bois.

Pour tous les bâtiments, mais surtout pour ceux à vapeur, l'établissement si facile des cloisons transversales et longitudinales, pleines ou en forme d'arcades, fournit un nouveau moyen de liaison très-puissant; il permet d'établir dans la chambre des machines des constructions qui ne la gênent en rien, et qui consolident parfaitement le navire à l'endroit même où la force manque dans les bâtiments en bois. La liaison des machines avec la coque en a été par suite modifiée, et, au lieu d'élever ces hauts édifices en fonte tenant seulement par la base au fond du bâtiment, sans oser les attacher contre les ponts et contre la muraille, on n'hésite plus à faire des bâtis plus légers en les appuyant contre les parties hautes du navire, qu'on regarde avec raison, dans un bâtiment en fer bien construit, comme sensiblement invariables de position dans les plus grosses mers. Cet emploi du corps du bâtiment pour maintenir les hauts des bâtis existait déjà, il est vrai, à bord du bâtiment en bois pour les machines à mouvement direct, dont l'entablement supérieur est saisi entre les barrots du pont; c'est qu'alors on donne des dimensions colossales à un grand nombre de barrots, qu'on relie entre eux par des tirants en fer et des arcs-boutants en bois, et encore est-on obligé de compter sur la flexibilité des colonnes (le plus souvent en fer forgé) qui soutiennent cet entablement; cette pièce est elle-même d'un poids considérable, qu'on peut beaucoup diminuer en adoptant une muraille et des barrots en fer sensiblement invariables de figure.

Il est bon aussi de remarquer que le métal se prête merveilleusement à toutes les combinaisons de formes qu'il plaira d'imaginer, tandis qu'il n'en est pas de même des bois que la nature nous fournit. Par suite, certaines dispositions difficiles à réaliser, même avec le choix dans un approvisionnement de bois considérable, sont toutes simples avec le fer, et il suffit de citer, comme exemple, les arrières des bâtiments à hélices, qu'il est bien autrement facile de construire solidement en fer qu'en bois.

A l'appui de ce que j'ai dit sur la roideur des bâtiments en fer, je citerai, entre autres, le fait suivant :

Le Nun, bâtiment à vapeur en fer de la force de 65 chevaux, construit par M. Laird, à Liverpool, s'échoua dans la rivière Mersey, sur l'avancée d'une jetée en pierre, et fut laissé là par la marée descendante, appuyé sur la jetée par l'arrière, et par le brion sur un fond dur de pierraille; ce bâtiment, long de 32 mètres, ayant au milieu une machine pesant 65 tonneaux, resta ainsi pendant près de dix heures, avec 25 mètres d'intervalle entre ses points d'appui, et sans que l'œil, regardant le long de la quille, pût y apercevoir la moindre courbure. Certes, un bâtiment en bois, placé dans les mêmes circonstances, n'eût pas résisté à une pareille épreuve.

Dans cette comparaison de la liaison des parties des bâtiments en fer et de ceux en bois, je n'ai parlé jusqu'ici que du navire encore neuf, à l'époque où chaque cheville et gournable tient solidement dans un bois bien sain. Mais que quelques années s'écoulent, combien de chevilles en fer ou en cuivre pourront alors se repousser avec une facilité effrayante, bouchant à peine le trou où la plupart ne tenaient que par le frottement dans l'origine; et même, pour les chevilles rivées sur viroles, peut-on compter sur cette bavure du métal écrasé à froid? Pour les liaisons du bâtiment en fer, nous verrons au contraire, à l'article de la durée de ces constructions, que, avec des têtes de rivets bien faites, les tôles seront elles-mêmes usées par le temps avant qu'aucun rivet menace de manquer.

Malgré la difficulté d'obtenir entre des pièces de bois des liaisons en rapport de force avec celles des pièces elles-mêmes, depuis des siècles, néanmoins, on fait des bâtiments en bois résistant aux plus rudes fatigues. Oui, mais alors n'est-il pas évident que si on emploie, au lieu de bois, du fer dont il est plus facile de relier les parties, et dont la résistance directe des fibres est supérieure à celle du bois dans un rapport plus grand que sa pesanteur spécifique comparée à celle de l'ensemble de bois, de fer et de cuivre qui compose la coque des bâtiments dits en bois (*), n'est-il pas évident, dis-je, qu'on pourra obtenir, à poids égal, des liaisons plus parfaites, ou, à force égale de liaisons, une économie de poids de coque, et qu'enfin on aura la faculté de dépasser, si on le veut, les dimensions de navire qui étaient précédemment la limite de ce qu'on pouvait construire sans témérité?

Des poids de coque.

On peut dire que les bâtiments en fer construits jusqu'à ce jour, et comparés à ceux en bois, sont autant d'exemples de la réunion des deux avantages

(*) La pesanteur spécifique moyenne de tous les matériaux employés à la construction de la coque des navires de l'État est aux environs de 1,1, celle de l'eau étant prise pour unité; or le fer a pour pesanteur spécifique 7,8, tandis que la force de résistance de sa fibre, à section égale, est généralement prise pour dix fois celle du bois.

suivants, liaisons plus parfaites et moindre poids de coque; mais les constructeurs en fer ont très-inégalement mis à profit ces deux propriétés. Dans quelques bâtiments, il est visible que, recherchant avant tout la légèreté, ils ont réduit au strict nécessaire le nombre des liaisons et les échantillons des matériaux. Dans d'autres, au contraire, moins préoccupés de la vitesse, ils se sont proposé surtout de gagner en solidité et en sécurité. Les constructeurs anglais se sont généralement donné alors pour limite de poids de coque celui-là même qu'ils auraient eu avec le mode de construction en bois adopté par l'amirauté pour les navires de même grandeur. Enfin dans d'autres exemples, et c'est le plus grand nombre, on rencontre des coques d'un poids inférieur à ceux des bâtiments en bois analogues, mais dont la légèreté n'a pas été poussée à la limite.

De là résulte qu'il ne faut pas chercher aujourd'hui à préciser quel est le poids de coque auquel se conforment les constructeurs d'Angleterre pour telles ou telles dimensions. Il varie, pour les bâtiments de mer, depuis 0,20 jusqu'à 0,46 du déplacement total en charge, suivant la destination du bâtiment, l'opinion du constructeur et le prix offert par l'acquéreur.

Voici quelques exemples de poids de coque pris sur des bâtiments de différentes grandeurs.

Premier exemple.

Le bâtiment en fer de 220 chevaux, en chantier à l'atelier de M. Wingate, (à Glascow).

Longueur, à la flottaison	168 p.	» p.	51m,24
Largeur, au maître.	28	»	8 ,54
Creux sur quille.	16	»	4 ,88
Tirant d'eau, en charge (sur quille) . .	8	6	2 ,59
Déplacement, au tirant d'eau ci-dessus	760 tonn. anglais.		

Le poids de métal employé pour cette construction jusqu'en juillet 1842, déduction faite du déchet, a été de.	145 tonneaux.
M. Wingate estimait qu'il y entrerait encore. . . .	10
Il évaluait le total du bois de cette construction à.	50
Total du poids de coque.	205 tonneaux.

Rapport du poids de coque au déplacement en charge. . 0,269

Dans ce bâtiment, il y a en fer :

L'étrave, la quille, l'étambot, les carlingues, toute la membrure jusqu'au pont des gaillards, tout le revêtement extérieur jusqu'à ce même pont, la guibre, les barrots des deux ponts, y compris les grands baux des roues; les élongés extérieurs des roues à aubes; enfin quatre cloisons transversales.

Il y a en bois :

Le bordé des ponts, les montants du tableau et son bordé extérieur, la lisse de couronnement, la lisse de plat-bord, ses montants et leur bordé, quelques apôtres pour appuyer le beaupré, quelques pièces finissant la guibre et recevant les liures du beaupré, les jottereaux, les fausses bouteilles, le dessus des tambours, enfin les divers montants des bittes du guindeau, etc.

Deuxième exemple.

La Princesse-Royale, bâtiment en fer de 390 chevaux, de MM. Tod et Mac-Gregor (à Glascow).

Longueur, à la flottaison	189 p.	7 p.	57m,84
Largeur, au maître	28	»	2 ,56
Creux sur quille.	18	6	3 ,64
Tirant d'eau (sur quille).	8	4 ½	2 ,56
Déplacement, à ce tirant d'eau	845 tonneaux.		
Poids de coque.	250		
Rapport du poids de coque au déplacement. . .			0,295

Ce bâtiment a, en fer, les mêmes parties que le bâtiment de 220 chevaux de M. Wingate, moins les grands baux et les élongés extérieurs, qui sont en bois, ainsi que les barrots au-dessus du salon. (Pour plus de détails, se reporter à l'article *Princesse-Royale*.)

Voici comment je suis arrivé au poids de coque d'autre part.

C'est au tirant d'eau de 8 pieds 4 pouces et demi sur quille que j'ai vu *la Princesse-Royale* partant de Greenock. Ce bâtiment avait à bord 75 tonneaux de charbon, 95 tonneaux de marchandises et quatre-vingt-dix-huit passagers de toute classe, avec leurs bagages; le tout évalué à 15 tonneaux. Le poids de la machine, avec l'eau dans les chaudières, a été estimé, par le constructeur, à 1 tonneau par cheval, ce qui fait 390 tonneaux.

Total des poids énumérés ci-dessus, 575 tonneaux.

Pour arriver aux 845 tonneaux de déplacement, il ne reste donc plus que 270 tonneaux pour le bâtiment, ses cabines, ses mâts, deux embarcations, deux ancres, deux chaînes et les provisions; ce qui réduit, au plus, à 250 tonneaux le poids de la coque proprement dite.

Le rapport de 0,295 du poids de coque au déplacement total ne ferait pas ressortir toute l'économie de poids qui a été obtenue dans la construction de *la Princesse-Royale*, si on ne remarquait pas, en outre, que les façons de ce bâtiment sont excessivement fines, et que, par suite, le déplacement lui-même est une faible portion du volume du parallélipipède circonscrit. A la seule inspection du plan, il est clair qu'on eût pu faire les lignes d'eau beaucoup plus pleines, sans augmenter en rien la surface du navire, et, par suite, le poids de la coque serait alors devenu une fraction encore moindre du déplacement.

En comparant le déplacement total de 845 tonneaux à la force de la machine de 390 chevaux (ce qui ne fait que 2t.17 par force de cheval), on prévoit la grande vitesse qu'on obtient avec de pareils navires.

Comme *la Princesse-Royale* est maintenant reconnue en Angleterre pour être le bâtiment de mer le plus rapide, je me suis occupé de constater sa vitesse, et voici ce que je puis affirmer à ce sujet.

J'ai fait, à bord de ce bâtiment, la traversée de Liverpool à Greenock en 16 heures 3', en parcourant un chemin de 198 milles nautiques d'un quai à l'autre, avec un léger vent debout, avec marée contraire en sortant de la rivière Mersey, et marée favorable en entrant dans la Clyde ; compensation faite, on pouvait sensiblement négliger la marée ; et, à la rigueur, elle a été un peu plus longtemps contraire que favorable. En n'en tenant pas compte, c'est une vitesse de 12 nœuds 3 dixièmes. J'ai mis, une autre fois, 19 heures 12' (vitesse, 10 nœuds 2 dixièmes) à faire le même voyage, avec une assez forte lame debout, pendant 16 heures que nous avons été hors de l'abri des terres. La durée moyenne de seize traversées consécutives de ce paquebot a été de 17 heures 36', ce qui donne une moyenne de 11 nœuds 2 dixièmes. On m'a affirmé, à Greenock, que la vitesse obtenue en expériences, au tirant d'eau de 8 pieds et demi sur quille, en parcourant plusieurs fois de suite, en sens inverse, la même distance connue, au bas de la rivière la Clyde, a été de 16,1 (*statute miles*) à l'heure, ce qui fait 13 nœuds.

Le plan de ce bâtiment est une application bien prononcée des principes émis, sur la forme des carènes, par M. Scott Russell, auteur du *Traité des ondes*, forme qui lui avait déjà réussi sur *le Fire-King*, paquebot en bois naviguant, sur la même ligne, de Liverpool à Greenock. Les ingénieurs qui m'ont précédé en Angleterre ont signalé la marche supérieure de ce paquebot ; mais elle a encore été dépassée par celle de *la Princesse-Royale*. Ce fait n'a d'autre cause, du reste, que l'application d'une puissance motrice, agrandie dans le rapport de 390 à 220, sur un bâtiment ayant un poids total et une surface de maître-couple presque identiques ; ce qui n'a été possible qu'en économisant, sur le poids de coque, la différence du poids des machines.

Troisième exemple.

Afin de rendre la comparaison complète, voici les dimensions principales du *Fire-King*, bâtiment en bois de 220 chevaux :

Longueur.	187 p.	7 p.	57m,27
Longueur, à la flottaison.	185	»	56 ,42
Largeur du maître, au pont. . . .	28	7	8 ,71
Largeur, à la flottaison.	28	7	8 ,71
Creux sur quille.	17	9	5 ,41
Tirant d'eau sur quille.	8	6	2 ,59
Déplacement, à ce tirant d'eau.	810 tonneaux.		
Poids de coque.	325		
Rapport du poids de coque au déplacement.	0,400		

Quatrième exemple.

Le Iron-Sides, bâtiment en fer à voiles, jaugeant 260 tonneaux, de MM. Jackson Gardon et compagnie (à Liverpool) :

Longueur de quille.	90 pieds.	29m,18
Largeur, au fort.	24	7 ,32
Creux sur quille.	13	4 ,57
Tirant d'eau, en charge.	9	2 ,74
Déplacement, à ce tirant d'eau.	490 tonneaux.	
Poids de coque du bâtiment.	120	
Rapport du poids de coque au déplacement.	0,240	

Voir les détails de cette construction à l'article particulier du *Iron-Sides*.

Cinquième exemple.

La Guadalupe, steamer de guerre en fer, de 180 chevaux, de M. Laird (à Liverpool) :

Longueur, à la flottaison	169 p.	6 p.	54m,74
Largeur, au maître	30	1	9 ,17
Creux sur quille.	18	»	5 ,49
Tirant d'eau, en charge.	9	»	2 ,74
Déplacement, à ce tirant d'eau.	878 tonneaux.		
Poids de coque au lancement.	410		
Rapport du poids de coque au déplacement.	0,467		

Il n'y a pas lieu de citer la légèreté de cette coque, car M. Laird s'est proposé, dans cette construction, de faire un bâtiment d'une solidité extrême, et il a atteint son but non-seulement par de forts échantillons, mais aussi par d'excellentes méthodes de liaisons, que j'ai détaillées dans les planches relatives à cette construction. L'opinion de M. Laird est que les mêmes échantillons que ceux de *la Guadalupe*, appliqués à un steamer de guerre d'un tonnage triple, produiraient un bâtiment bien plus solide qu'on ne l'obtiendrait avec les procédés de construction en bois et les échantillons usités dans les chantiers du gouvernement anglais.

M. Laird a fait des bâtiments pour la mer, dont les poids de coque ont varié depuis 0,25 jusqu'à 0,46 du déplacement en charge. Il est à remarquer qu'il fait, en général, ses carènes avec des lignes d'eau très-aiguës et, par conséquent, désavantageuses pour le rapport du poids de coque au déplacement.

Sixième exemple.

Le Great-Britain, steamer en fer de 1,280 chevaux, construit par la compagnie du Great-Western (à Bristol).

Longueur, à la flottaison.	292 p.	» p.	89m,06
Largeur, au fort.	51	»	15 ,55
Creux sur quille, au pont supérieur . .	32	3	9 ,84

Poids de coque, non compris les emménagements.	fer. .	840 tonneaux.
	bois..	160
	Somme.	1,000 tonneaux.

Évaluation de ce que sera le poids total au départ, avec le nombre de passagers et la quantité de marchandises que la compagnie se propose d'y embarquer :

Poids de coque ci-dessus.	1,000 tonneaux.
Cabines, mâture, armement, câbles, ancres, etc. .	230
Machines et chaudières.	830
Eau des chaudières.	180
Charbon.	1,000
Provisions..	80
Équipage, trois cents passagers et leurs bagages. .	60
Marchandises.	500
Déplacement total..	3,900

(Ce déplacement correspond à un tirant d'eau de 19 pieds 2 pouces = 5 mèt. 84.)

Rapport du poids de coque au poids total = 0,256.

Tels sont les chiffres qui m'ont été communiqués par M. Patterson, auteur des plans du *Great-Britain*, et voici les dimensions que ce même constructeur a données à *l'Avon* et au *Severn*, bâtiments à vapeur en bois, de la force de 450 chevaux, destinés à la compagnie des paquebots des Indes orientales.

Septième exemple.

Avon et *Severn*.

Longueur, à la flottaison.	216 p.	4 p.	63m,98
Largeur, au fort, hors bordages. . . .	36	10	11 ,23
Creux sur quille, au pont supérieur. .	23	4	7 ,01

Le poids de coque de *l'Avon*, au lancement, a été de. . 985 tonneaux.

Une fois les cabines finies, et après qu'on a eu placé à bord machines et chaudières au complet, câbles, chaînes, ancres, deux canons, mâture et voilure, le poids s'est trouvé être de.	1,645
Il restait à embarquer les provisions.	45
Le charbon.	700
L'eau des chaudières.	100
Équipages, passagers et bagages, environ.	100
Déplacement total.	2,590

Ce déplacement correspond à un tirant d'eau sur quille de 17 pieds 2 pouces = 5 mèt. 23.

Rapport du poids de coque au déplacement. . . 0,380

La comparaison de deux rapports 0,256 et 0,380 montre combien grande est l'économie qu'on peut faire sur les poids de coque en construisant les bâtiments en fer; et, en admettant la réussite du *Great-Britain* sous le rapport de la solidité, l'exemple de ce navire sera d'autant plus frappant, que son énorme longueur (dépassant de 15 mètres celle de nos vaisseaux à trois ponts) donne le droit de tout craindre de la fatigue qu'il éprouvera à la mer.

Je n'ai pu me procurer aucun chiffre précis sur les poids des constructions de MM. Fairbairn et Ditchbrun, dont les chantiers sont sur la Tamise; mais, autant que j'ai pu en juger en les voyant, elles sont encore plus légères que toutes celles que j'ai citées : ce ne sont aussi que des navires de bien moindre importance.

Je terminerai cet article en citant l'opinion que j'ai entendu émettre à divers constructeurs anglais, que le *minimum* du poids de coque, qu'il est convenable de donner à des bâtiments en fer devant aller à la mer, est de 0,20 du déplacement total.

De la sécurité que présentent les bâtiments en fer.

Nous avons déjà exposé des considérations théoriques à l'appui de l'excellente liaison des bâtiments en fer. Nous ajouterons ici, comme fait démontré par l'expérience, que, même après les plus longues fatigues causées par un gros temps à la mer, les coutures n'ont jamais menacé de s'ouvrir. On ne cite pas un seul bâtiment qui ait fait de l'eau dans ces circonstances.

L'établissement des cloisons transversales, qui divisent la coque en divers compartiments indépendants les uns des autres, ajoute encore à cette sécurité, non-seulement parce que ces cloisons augmentent la liaison, mais aussi parce qu'un de ces compartiments pourrait, par suite d'un accident, se remplir d'eau, sans que le bâtiment cessât de flotter et de pouvoir encore naviguer. Deux de ces cloisons surtout sont d'une grande importance ; ce sont celles qu'on établit à peu de distance de l'étrave et de l'étambot. Elles sont destinées à parer aux avaries qui pourraient, en cas d'échouage, survenir aux extrémités du navire, en ne laissant entrer dans l'intérieur qu'un nombre de tonneaux d'eau assez minime.

Dans le cas d'échouage, des faits nombreux ont démontré que les bâtiments en fer résistaient d'une manière bien supérieure à celle des plus solides bâtiments en bois ; je rappellerai, à ce sujet, que, dans les naufrages de bâtiments à vapeur en bois, qui, en quelques heures, ont été mis en débris à la côte, on a toujours vu les chaudières résister à l'action de la lame qui les roulait sur les roches et les macérait sans pouvoir les désunir. Mais, indépendamment de cette considération d'un ordre secondaire, voici des exemples d'échouage assez remarquables de bâtiments en fer. Je donnerai, d'abord, l'extrait suivant de l'écrit de M. Grantham.

Le steamer en fer *le Garryowen* (*), mouillé à l'embouchure du Shannon, pendant la tempête du 6 juin 1839, brisa ses chaînes et vint à la côte près de Kilrush, où il talonna avec une extrême violence, pendant longtemps, sur un fond dur ; malgré cela, il n'a éprouvé aucun dommage, tandis que, de vingt-sept bâtiments qui étaient dans le voisinage, pas un n'est resté exempt d'avaries, plusieurs même se sont entièrement perdus.

Dans un rapport adressé à la chambre des communes sur les accidents des bâtiments à vapeur, l'événement du *Garryowen* est rapporté de la manière suivante :

(*) Le *Garryowen* est un bâtiment de 90 chevaux, un des premiers construits par M. Laird.

« . . . . . Nous vînmes à la côte, environ à deux encâblures à l'est des roches de Kilrush, et nous talonnâmes fortement pendant la première heure. De notre côté au vent, le fond était d'argile molle, recouverte de pierres perdues, dont quelques-unes assez grosses; mais, du côté sous le vent, le fond était très-dur, cet endroit servant de passage à pied, à marée basse : je tremblais que la carène ne fût fortement endommagée, mais je suis heureux de dire qu'elle n'a pas éprouvé le moindre mal; de fait, elle est en aussi bon état que le jour où nous avons quitté Liverpool. Pas un seul rivet n'a manqué, pas une seule tête de rivet ne s'est détachée. Si un bâtiment de chêne était venu à la côte, à l'endroit où s'est jeté *le Garryowen*, avec la cargaison qu'il avait à bord, et s'y fût donné de tels coups, on aurait une autre histoire à raconter. De vingt-sept bâtiments qui ont été à la côte cette nuit, *le Garryowen* est le seul qui s'en soit retiré sans avaries... »

Voici comment le capitaine du *Vulcain*, bâtiment à voiles en fer, rend compte d'un accident qui lui est arrivé :

« . . . . . Au moment où nous allions sonder, nous donnâmes, avec une vitesse de 5 nœuds, sur un banc de roches recouvert seulement de 3 pieds d'eau, tandis que *le Vulcain* tirait alors 6 pieds 1/2 ; mais, grâce à la houle et au vent arrière, il se fraya passage par-dessus les roches sans recevoir d'avaries sensibles ni faire de l'eau; mon opinion est qu'un bâtiment en bois se serait fortement endommagé et probablement aurait sombré. »

Pendant que *le Vulcain* était dans le bassin de carénage, j'ai vu les résultats du choc qu'il avait reçu. Les tôles étaient dentelées dans la partie avant, à l'endroit où avait porté le premier coup, et des marques moindres existaient le long de la carène, causées par le passage sur les récifs; aucune tôle n'était déchirée, aucun rivet arraché; quelques-uns seulement, tenant un des membres, avaient la tête arrachée à l'intérieur; ces rivets ont été vite changés et le tout mis en parfait état.

Le Iron-Duke, bâtiment à voiles jaugeant 350 tonneaux, offre un exemple remarquable de la solidité des bâtiments en fer. Après avoir fait un premier voyage à Calcutta, il se jeta sur un banc de roches dans un fort coup de vent, et y talonna violemment pendant quelque temps; il s'en releva, toutefois, non sans faire beaucoup d'eau, ce qui provenait seulement de la fausse quille en bois qui avait été enlevée de bout en bout, laissant complétement ouvert le trou d'une des chevilles qui la tenaient; il passait aussi beaucoup d'eau par les trous des autres chevilles, dont les têtes ne s'appliquaient plus à l'intérieur sur la tôle (*) : cette avarie fut facilement réparée, et le bâ-

(*) Il est un des principes de la construction des bâtiments en fer sur lequel on ne peut trop insis-

timent n'avait éprouvé aucun autre mal. Il fit ensuite un autre voyage dans la mer Baltique, et, en revenant avec un chargement de bois, il s'échoua encore par un mauvais temps, mais, cette fois, il ne fut pas si heureux et se perdit. Les circonstances mêmes de sa destruction, dont je supprime le récit pour éviter les longueurs, sont de nouvelles preuves de l'extrême connexion des parties des bâtiments en fer.

Le Royal-George, steamer de 220 chevaux, jeté sur des roches près de Greenock, à marée haute, y demeura toute la durée de cette marée sans éprouver d'avaries. Ce bâtiment, long de 61 mètres, resta ainsi, porté par son milieu, sans appui aux extrémités, et tous ceux qui l'ont vu sont d'avis que tout bâtiment en bois, dans cette position, se serait rompu en deux.

Une grosse pièce de fonte, pesant environ 4 tonneaux, est tombée au fond de la cale de *la Princesse-Royale* au moment où on la présentait au-dessus du grand panneau, et cela sans endommager le fond du navire.

Voici un passage d'un écrit inséré dans le *United service journal,* mai 1840, par M. Creuze, ingénieur-constructeur, à Portsmouth, au sujet de *la Nemesis*, que j'ai déjà eu occasion de citer.

« . . . . . *La Nemesis,* bâtiment à vapeur d'environ 700 tonneaux et construit entièrement en fer, a été dernièrement échoué dans le dock de Sa Majesté, pour y réparer les avaries qu'il s'était faites en se jetant sur le banc de roches de Scilly, à marée basse, étant en route de Liverpool pour Odessa. »

M. Creuze donne ici les dimensions et les détails de *la Nemesis* que j'ai consignés plus loin, puis il continue :

« . . . . . Ayant décrit le bâtiment, disons maintenant le dommage qu'il a éprouvé en s'échouant. Quand il toucha, sa vitesse était d'environ 9 nœuds; sa moyenne, comptée du départ, se trouvait de 8 1/2. Le premier choc porta évidemment en plein sur la pièce de brion, qui a été dentelée à une profondeur d'environ 3 pouces, et déchirée sur une longueur de 8 pouces; le coup a dû porter sur une roche pointue à peu près comme le bec d'une ancre moyenne. Les coups paraissent s'être répétés, sous la tôle de la quille, jusqu'à une distance d'environ 7 pieds du brion, et ils ont occasionné seulement des dentelures longues, mais peu profondes. Le principal dommage a été fait au côté de tribord, dans le dessous de la carène, à la position de la première cloison. La tôle du revêtement extérieur a été coupée par le coup qui la com-

---

ter, c'est qu'il ne faut, sous l'eau, appliquer aucune fausse pièce sur les tôles, mais surtout aucune pièce en bois, à moins de la cheviller avec une autre pièce en bois appliquée sur la tôle à l'intérieur et primitivement reliée à cette tôle par des boulons fraisés à l'extérieur. J'aurai, du reste, occasion de m'étendre sur cette question à l'article particulier aux quilles, étraves et étambots.

primait contre la cloison, et la tôle du bas de cette cloison a été rompue. La carlingue en bois qui était fixée aux varangues en fer, presque directement au-dessus de l'endroit du choc, a été arrachée de ces varangues, les boulons en fer qui l'y fixaient s'étant rompus.

« Le choc qui a produit une pareille avarie a dû évidemment être très-violent. Cet exemple prouve clairement que le mal n'affecte que la partie frappée ; car, tout à l'entour, les rivets sont restés aussi étanchés, et la juxtaposition des tôles aussi parfaite après le choc qu'auparavant, excepté à l'endroit où les tôles ont été coupées contre la cloison. Avant l'expérience de cet accident, on pouvait douter raisonnablement si, dans de pareilles circonstances, les feuilles de tôle ne se déchireraient pas, à peu près comme des feuilles de papier, ou si les rivets ne s'arracheraient pas, par douzaine à la fois, comme les points de couture d'une voile. Plusieurs tôles, après celles coupées, portaient de longues traces de dentelures; l'inflexion la plus grande a été à la déchirure, et elle était de 3 pouces et demi.

« Ces avaries furent réparées en plaçant sur le brion une pièce assez semblable, pour la forme, aux sabots qui servent à enrayer les roues des voitures; cette pièce fut solidement fixée, par des rivets, sur les pièces du brion. Les deux tôles de la carène qui avaient été déchirées, et celle de la cloison qui avait été rompue, furent enlevées en repoussant des rivets, et de nouvelles tôles mises à leur place. Les tôles qui étaient seulement dentelées furent enlevées, redressées au feu et remises en place; une petite portion des fers d'angle de la membrure, reliant la cloison à la carène, fut aussi délivrée et remplacée. Suivant les renseignements communiqués par M. Laird, le poids de matière neuve employée dans cette réparation a été d'un peu moins de 3 quintaux (le quintal de 112 livres), et le prix de matière et de main-d'œuvre d'environ 30 livres sterling, prix qui, suivant lui, n'aurait pas été à 20 livres s'il avait eu la facilité de faire la réparation à son atelier.

« Avant d'asseoir le bâtiment sur des tins, on plaça deux voyants à chaque extrémité, avec un troisième au milieu; par le moyen de ces voyants, on fit des observations avant et après l'échouage sur les tins, et la déviation de la ligne droite sur une longueur de 140 pieds, comprise entre les deux voyants extrêmes, ne s'éleva qu'à un quart de pouce, etc., etc...... A la suite de cette réparation, *la Nemesis* est partie pour l'Inde. »

Parmi les nombreux rapports sur la manière dont les bâtiments en fer se comportent à la mer par les gros temps, je citerai les extraits suivants de deux rapports du capitaine Hall, commandant *la Nemesis*.

Madeira, 9 avril 1840.

« . . . . . Je puis dire que *la Nemesis* vient d'être éprouvée, et qu'elle s'est bien comportée ; nous avons eu de la mer rude, et essuyé des vents violents de bout, de l'arrière et par le travers ; dans chaque circonstance, elle a prouvé que c'était un excellent bâtiment ; elle gouverne bien, n'ayant besoin que d'un homme à la roue de tout temps. »

(*Du même.*) Cap de Bonne-Espérance, 10 juillet 1840.

« . . . . . Meilleur bateau n'a jamais été sur la mer ; il n'a éprouvé d'avarie nulle part, et s'est comporté admirablement l'autre jour, pendant un coup de vent de nord-ouest, avec la mer ordinaire en pareil cas, faisant 10 nœuds sous voiles, et obéissant très-bien au gouvernail avec un seul homme à la roue... »

Outre leur force pour résister aux chocs et secousses de toute nature, il faut compter aussi parmi les garanties de sécurité des bâtiments en fer la facilité qu'ils offrent aux marins de se rendre maîtres du feu ; s'il venait à se déclarer dans une portion du navire, non-seulement le flanc incombustible ne servirait pas à propager l'incendie à l'intérieur, mais les cloisons seules l'arrêteraient longtemps dans l'espace compris entre deux d'entre elles ; il suffirait d'arroser les objets combustibles placés le plus près de l'autre côté, et, pendant ce temps, on parviendrait sans doute, soit à étouffer le feu en fermant les panneaux de la division où il aurait éclaté, soit à l'éteindre avec de l'eau.

De l'entretien et de la durée des bâtiments en fer.

Je ne m'appesantirai pas sur la longue durée des bateaux fonctionnant sur les rivières et les canaux, ainsi que sur les lacs. Depuis 1822, que les bâtiments en fer fonctionnent sur la Seine, les premiers qui ont paru ont encore aujourd'hui les tôles de la carène en fort bon état. On peut voir, en Angleterre, des bateaux en fer, sur des canaux, qui durent depuis vingt ans et plus.

M. Grantham, au sujet de ces bateaux pour le service des canaux, insiste sur le peu de dépense en réparations qu'occasionnent les bateaux en fer, tandis que ceux en bois, quand ils ont seulement quatre ou cinq ans, commencent à coûter fort cher d'entretien ; autant, dit-il, par année, que les bâtiments en fer pour cinq ans. Il en est qui ont servi plus de onze ans, sans coûter plus de 2 livres sterling d'entretien.

Mais la question importante surtout est celle des bâtiments de mer. C'est un résultat bien heureux et presque inattendu que la lenteur avec laquelle les

4

tôles de leur carène se corrodent par l'oxydation au contact de l'eau salée, et cela, sans que la tôle ait besoin d'aucun de ces préservatifs particuliers dont la recherche mérite néanmoins d'occuper l'attention, puisque leur découverte ajouterait encore aux avantages des bâtiments en fer. Mais déjà, sans cette ressource, la durée de ces navires ira bien au delà de celle de tout bâtiment en bois, bien au delà même de ce que l'on avait espéré dans l'origine.

Parmi les personnes qui s'occupent des procédés conservateurs pour le fer, on cite M. Mallet, ingénieur de Dublin, déjà patenté pour des procédés anticorrosifs qui, toutefois, ne sont guère en faveur auprès des praticiens.

Je n'ai pas connaissance qu'on ait construit de bâtiment en tôle galvanisée par le procédé du zincage; malgré la difficulté de faire participer à ce zincage les rivets qui doivent se mettre à chaud, une fois la tôle en place, il y aurait peut-être quelque chose à gagner par ce moyen. Mais, pour ne parler que de ce qui est usité jusqu'à présent en Angleterre, voici tous les préservatifs qu'emploient, contre l'oxydation, les constructeurs les plus soigneux de ce pays.

Dès le montage de la quille, de l'étrave, de l'étambot et de la membrure, toutes ces pièces reçoivent une bonne couche de peinture au minium : on travaille alors au bordé, opération qui amène l'enlèvement successif des membres, pour y percer des trous de rivets; puis on établit les barrots, etc.

Quand la construction du navire se mène d'une manière continue, on l'achève sans nouvelle application de peinture, si ce n'est sous les pièces de bois, où l'on met aussi le plus généralement du feutre gras. Une fois le bâtiment fini, on gratte et on brosse avec soin toutes les parties en fer, en dedans et en dehors, et on y passe une couche d'huile mêlée de térébenthine; puis on y met une couche de peinture au minium. Un peu avant le lancement, on en donne une seconde couche sur la carène. Les œuvres mortes se peignent ensuite, comme on veut, avec les peintures à l'huile ordinaires. Quelques constructeurs ont goudronné les carènes; mais on préfère (M. Laird entre autres) la laisser avec la peinture au minium, qu'il convient de renouveler une fois par an, si on a occasion de visiter la carène. Ce dernier soin, du reste, n'a été pris que pour bien peu de navires; la plupart sont restés quatre ou cinq ans, souvent davantage, sans qu'on s'occupât de repeindre ni de nettoyer les tôles plongées dans l'eau. C'est surtout l'expérience de ces bâtiments peu soignés, qui établit le mieux les bons services qu'on est en droit d'attendre des bâtiments en fer.

Il est maintenant prouvé que, sans qu'on prenne aucun soin de la carène, la corrosion des tôles est fort lente et nullement comparable à celle qu'éprouvent des chevilles de fer placées dans du bois. Ainsi, avant qu'on eût abandonné complétement les quilles et les fausses quilles en bois sur bâtiments en fer, il arrivait que les chevilles en fer, qui tenaient ces pièces de bois, étaient dévorées, lorsqu'il n'y avait pas encore un seul rivet détérioré, ni la moindre apparence de diminution dans l'épaisseur des tôles. J'ai entendu émettre aux constructeurs diverses hypothèses pour expliquer cette différence : les uns parlaient d'acide du bois, d'autres d'action électrique. Le fait certain est que le fer, marié au bois de chêne ou à tout autre, et en contact avec l'eau de la mer, est mangé par la rouille, pendant le temps qu'un assemblage de fer sur fer s'oxyderait seulement un peu à la surface.

On ne cite pas non plus qu'il soit jamais arrivé que l'oxydation des tôles se fasse par places et d'une manière irrégulière; au contraire, elle se répand uniformément sur la surface. Les têtes des rivets, fraisées à l'extérieur, conservent toujours une force proportionnelle à l'épaisseur de la tôle, et on peut, à toute époque, après avoir échoué le bâtiment, nettoyer les tôles et percer quelques trous, pour en mesurer l'épaisseur dans diverses parties, et savoir positivement à quoi s'en tenir sur la force du bordé. Quand la pourriture commence à envahir un bâtiment en bois, comme elle n'est pas seulement à la surface, mais bien au cœur des pièces; comme l'une d'elles peut en paraître exempte, tandis que la voisine est complétement détruite, il en résulte que la visite de ces bâtiments et l'évaluation exacte de ce qui leur reste encore de bonnes liaisons sont fort difficiles : l'indicateur le plus certain de leur état probable est la durée de leur existence, et on sait que, quand elle approche de douze ou quatorze ans, pour les meilleures constructions, il faut songer à leur faire subir un grand radoub, sinon une condamnation, et cela même en supposant, pendant ces quatorze années, plusieurs radoubs secondaires.

Dans les bâtiments en fer, la corrosion des barrots, de la membrure et des tôles à l'intérieur est toujours très-peu de chose, et peut être rendue véritablement nulle, avec un peu de soin et de peinture : l'usure se produira donc seulement sur la surface extérieure des tôles du bordé. Depuis qu'on fait des bâtiments en fer pour la mer, on n'en cite pas encore qui aient exigé le changement d'aucune tôle de ce bordé, pour cause de diminution par la rouille. Il est aussi à remarquer que, plus les bâtiments seront de grandes dimensions, plus les tôles seront épaisses; or, la corrosion étant la même à la surface, quelle que soit l'épaisseur, il s'ensuit que, si on admet, comme cela est rationnel, qu'on doive condamner un bordé, quand il aura perdu une fraction constante de son épaisseur, telle qu'un quart ou un tiers, la durée des bâtiments sera d'autant plus grande qu'ils seront eux-mêmes d'un plus fort tonnage; et on peut dire, en admettant qu'on fasse les poids de coque proportionnels aux tonnages, que la durée des bâtiments en fer croîtra dans le rapport direct des racines cubiques du produit des trois dimensions principales. Les bâtiments en bois n'ont rien de cet avantage, la membrure d'un vaisseau se pourrissant tout aussi vite que celle d'un brick.

Voici maintenant quelques données d'expérience sur la corrosion des tôles des bâtiments en fer naviguant sur la mer.

Le Iron-Sides, construit par M. Jackson, à Liverpool, au commencement de 1838, a été à la mer depuis cette époque. Après un voyage dans le Nord et trois autres d'Angleterre au Texas, je l'ai vu haler à terre, à Liverpool, pour nettoyer et repeindre sa carène. La surface des tôles était couverte de petits coquillages qui adhéraient peu; avec un morceau de bois, on les faisait tous facilement tomber, et on retrouvait alors sur la tôle des traces de la dernière couche de peinture au minium, appliquée quatorze mois auparavant. L'oxydation était pour ainsi dire nulle et tous les rivets dans un parfait état. Les tôles de la carène avaient, d'après le marché, une épaisseur de 3/8 de pouce = 9,5 millimètres. Je priai M. Jackson de faire percer des trous dans divers endroits où la peinture avait disparu, et, en mesurant avec tout le soin possible, nous n'avons trouvé aucune diminution dans l'épaisseur : partout, à l'intérieur, la peinture existait encore. Un pareil résultat, après trois ans et demi de navigation dans le Nord et dans les pays chauds, est des plus satisfaisants pour les bâtiments en fer et n'indique pas encore de limite à leur durée.

Comme l'oxydation est favorisée par la chaleur et par l'humidité, il y avait à craindre que, à bord des bâtiments, à l'entour des chaudières, elle ne fût plus rapide qu'ailleurs; l'événement est encore venu rassurer à cet égard.

On trouve, dans un rapport à la chambre des communes, le passage suivant :

(*Steam vessel Inquiry*), 31 mai 1839.

« . . . . . Ayant eu, l'année dernière, à débarquer les chaudières du *Garryowen,* pour cause d'usure, après cinq ans de service, nous trouvâmes la membrure et la tôle du bâtiment en parfait état, sans aucune apparence d'oxydation. »

On lit dans l'écrit de M. Grantham :

« . . . . . Il y a environ douze mois que nous avons fait mettre à terre les chaudières du *Cleveland.* Depuis cinq ans que le bâtiment servait sur l'eau salée, la partie de sa muraille au-dessous et sur les côtés des chaudières n'avait jamais été repeinte, ni même visitée. Plusieurs personnes ont observé et minutieusement examiné l'apparence de la tôle, dans cette partie. Dans le fond et jusqu'à la hauteur de la flottaison, il n'y avait pas la plus légère détération; un peu au-dessus, il y avait de minces écailles de rouille, qui augmentaient d'épaisseur en approchant du pont, et cela provenait des infiltrations du pont, coulant, le long de la gouttière, sur des tôles constamment échauffées par les chaudières, et n'ayant pas, comme au-dessous de la flottaison, l'avantage d'être rafraîchies par l'eau extérieure. Une couche ou deux de peinture, par an, eussent empêché cette légère corrosion. . . . . »

Il conviendrait aussi, sous tous les rapports, de recouvrir le haut et les côtés des chaudières de matières non conductrices. On emploie maintenant beaucoup en Angleterre, pour cet usage, un feutre sec très-épais (environ 2 centimètres) qu'on fabrique spécialement à cet effet, et qu'on maintient contre les chaudières avec de la vieille toile à voile, ou, encore mieux, avec un boisage; le feutre, imprégné de goudron, est dangereux comme étant facile à s'enflammer.

Les tôles autour de la machine ne paraissent pas plus sujettes à se rouiller que le reste du bâtiment; mais il faut évidemment se garder de relier les tuyaux de cuivre directement sur la tôle. On s'est bien trouvé de saisir l'extrémité de ces tuyaux par une collerette en fonte de fer, qui se fixe avec des boulons, aussi en fer, sur une autre rondelle de fonte appliquée sur la tôle, autour du trou. Une bonne couche de mastic de minium dans le joint n'est pas non plus à négliger.

Voici un document authentique sur la manière dont les bâtiments en fer, construits par M. Laird, se comportent dans l'Inde.

Extrait d'un rapport du capitaine Lynch, commandant de l'expédition de *l'Euphrate* (4 avril 1841).

« . . . . . Le bateau à vapeur *l'Euphrate* vient de servir, dans des circonstances pénibles, sous un climat extrêmement chaud, s'échouant souvent avec beaucoup de violence et recevant des chocs qui eussent désuni un bâtiment en bois ordinaire; il n'a jamais eu besoin d'aucune réparation ni mattage dans la partie en fer de la coque : les portions en bois ne se sont pas si bien comportées, à cause de l'extrême chaleur du climat, et il serait digne de l'attention de M. Laird de voir si les ponts et d'autres parties, maintenant en bois, ne pourraient pas être avantageusement faits en fer à l'avenir. Le rivetage a soutenu tous les chocs, sans la moindre apparence d'ébranlement, et ce bâtiment continuera à fonctionner sans demander aucune réparation, dans les parties en fer, pour une période plus longue que je ne puis le prévoir. »

A côté de ces faits, tous favorables aux bâtiments en fer, je dois aussi rappeler les résultats tout opposés, qu'a présentés *le John-Garrow*, bâtiment à voiles de 555 tonneaux. Comme je l'ai déjà dit dans l'abrégé de l'histoire des bâtiments en fer, au commencement de ce rapport, ce bâtiment, mal conçu pour la forme, a été, d'ailleurs, mal exécuté. Après un seul voyage à Bombay, pendant lequel on a eu à s'en plaindre sous tous les rapports, marche et solidité, je l'ai vu, à Liverpool, recevoir des réparations considérables.

Le John-Garrow est, du reste, un exemple frappant de la facilité avec laquelle on peut réparer, modifier ou changer complétement une pièce, même une partie quelconque d'un bâtiment en fer. On s'en fera bien une idée en lisant le document ci-après, qui offre aussi de l'intérêt sous d'autres rapports : c'est l'opinion émise sur *le John-Garrow* par les experts appelés à juger si les conditions du marché ont été remplies par le constructeur.

J'ai traduit ce document, aussi littéralement que possible, sur la pièce originale anglaise, qui m'a été communiquée à Liverpool.

« . . . . . Nous soussignés, ayant été appelés à faire l'expertise du bâtiment en fer *le John-Garrow*, l'avons soigneusement examiné, pour certifier si ce bâtiment a été construit conforme, en tous points, aux clauses du marché passé entre MM. Anderson, Gorrow et compagnie, et MM. Rowman, Vernon et compagnie, marché daté du 2 janvier 1838, duquel une copie nous a été remise par les arbitres désignés pour juger le procès entre les propriétaires et les constructeurs.

« Nous sommes d'opinion que ce bâtiment n'a pas été construit conforme audit contrat, et qu'il est excessivement défectueux sous le rapport de la force, du choix des matériaux et de la main-d'œuvre.

« Nous avons constaté que les tôles de la carène sont d'un demi-pouce, qu'elles sont de trois quarts de pouce depuis la flottaison lége jusqu'à la flottaison en charge, et d'un demi-pouce depuis la flottaison en charge jusqu'au plat-bord ; or, ces tôles, suivant le contrat, devraient être respectivement de cinq huitièmes, de trois quarts et d'un demi.

« Les fers d'angle de la membrure sont à 2 pieds 6 pouces de distance, et ne devraient être qu'à 18 pouces de centre en centre.

« Nous sommes d'opinion que ces fers de membrure sont composés d'un trop grand nombre de pièces courtes et mal assemblées : une membrure complète ne devrait être qu'en trois parties écarvées dans les petits fonds ; que les varangues actuelles sont insuffisantes, et qu'à leur place il devrait y avoir des tôles verticales, rivées à chaque membre, de 12 pouces de haut, avec une cornière de 4 pouces et demi de côté, au can supérieur : cette tôle aurait un demi-pouce d'épaisseur pour les 70 pieds du milieu, et trois huitièmes de pouce pour l'avant et l'arrière ;

« Que les bandes, sur les joints des tôles, auraient dû être continuées en pleine épaisseur sur les membres : pour faire une réparation efficace, ces bandes devraient être enlevées et remises au rebut, les membres devraient être ôtés et réparés, et rivés de nouveau en place;

« Que les vides, sous les membres, devraient avoir été remplis avec des bandes en fer, au lieu de mastic de fer qu'il y a maintenant;

« Que des fers d'angle, de trois pouces et demi sur trois huitièmes, devraient être rivés dans une position inverse à chacun des membres, pour les renforcer et pour assujettir le vaigrage en bois;

« Que les écarts de la quille sont défectueux, et auraient dû être faits au moyen d'une pièce rapportée à l'intérieur, avec trois rangs de chaque côté au lieu d'un seul rang;

« Que les joints horizontaux des virures, près de la quille, auraient dû être à deux rangs de rivets;

« Que les coutures extérieures des tôles sont très-larges et sont remplies avec du mastic de fer et du bois : il faut que ces coutures soient nettoyées et mattées à la manière ordinaire;

« Que ce bâtiment aurait besoin, au moins, de trois cloisons en tôle, une au milieu et les deux autres vers les extrémités;

« Que les épontilles devraient être en fer rond, de 3 pouces de diamètre, pour le faux pont, et de 2 pouces et demi pour celui des gaillards; elles sont maintenant de 1 pouce trois quarts et de 1 pouce cinq huitièmes;

« Qu'il y a besoin de deux vaigres en fer d'angle, de 6 pouces sur 3 pouces et demi, sur demi-pouce, l'une en dessous et l'autre au-dessus des baux du faux pont;

« Que les baux du faux pont auraient besoin qu'on rivât contre chacun d'eux un fort fer d'angle, de 6 pouces sur trois huitièmes : il faudrait aussi munir d'une cornière le rebord des tôles faisant fonction de courbe, afin de protéger les marchandises de la cale;

« Que des allonges en fer d'angle, d'environ 6 pieds de long, devraient être insérées entre les membres, à la hauteur de la ligne du faux pont : contre ces allonges seraient rivées d'autres cornières renversées, sur lesquelles, ainsi que sur les autres couples de la muraille, seraient rivées les vaigres en fer d'angle, dont nous avons parlé plus haut, et boulonnées des vaigres en bois;

« Que les vaigres actuelles sont en bois de pin, et auraient dû être, d'après le contrat, en chêne d'Angleterre ou d'Afrique;

« Que les courbes du pont supérieur devraient aussi avoir une cornière sur leur rebord, pour protéger la cargaison;

« Que les baux du pont supérieur devraient être renforcés par des fers d'angle, de 6 sur 3, sur trois huitièmes : ceux qui y sont maintenant sont à enlever;

« Que les vaigres en fer et en bois devraient régner intérieurement tout autour du navire, et être reliées aux extrémités avant et arrière par des cornières ou des tôles, en guise de courbes horizontales;

« Que les écarts des tôles auraient dû être placés de manière à se croiser autant que possible : quelques extrémités de deux tôles latérales se trouvent à coïncider;

« Que les tuyaux des dalots auraient dû être en tôle;

« Que les pompes sont très-défectueuses;

« Que les pièces de la carlingue en bois devraient être écarvées entre elles et exemptes d'aubier : si on enlevait l'aubier, elles n'auraient plus l'équarrissage voulu;

« Que la lisse du plat-bord est mal assujettie et très-fendue : il faut la réparer ou en mettre une neuve;

« Que les ponts paraissent avoir été faits avec du bois très-vert, car les coutures se sont ouvertes évidemment plus qu'elles ne l'eussent dû;

« Que l'étambrai du grand mât présente peu de sécurité et est mal fait;

« Que les hiloires des panneaux sont mal faits;

« Que les massifs, autour des escaliers, auraient dû être en chêne, tandis qu'ils sont en bois de pin et mal exécutés;

« Que les jambettes du tableau sont mauvaises et toutes remplies d'aubier : l'arrière est tout ouvert;

« Que les bossoirs ne sont pas convenablement assujettis;

« Que la barre du gouvernail est trop mince et la roue trop petite;

« Que le gouvernail est excessivement faible et défectueux de construction première;

« Qu'il faut une nouvelle roue et un nouveau gouvernail;

« Que la forme de l'arrière, à la hauteur de la flottaison, est beaucoup trop pleine, et ses lignes d'eau non suivies : comme conséquence de ce fait, le bâtiment ne peut pas être chargé autant qu'il le devrait, sans lui ôter toute qualité nautique; pour remédier à ce défaut, il demanderait à avoir le côté enlevé au moins à 30 pieds en avant de l'étambot, et en hauteur depuis la ligne du pont jusqu'à 5 ou 6 pieds au-dessus de la quille;

« Que l'étrave manque de force, et que la partie supérieure demandera à être changée, ou l'étrave actuelle soigneusement réparée et consolidée. »

Fait à Liverpool, le 7 juin 1841.

Suivent les signatures des experts.

Il me reste, dans cet article sur la durée et l'entretien des bâtiments en fer, à dire un mot du plus ou du moins de facilité de réparation en pays étranger. Comme dans toutes les stations, du moment que l'emploi des bâtiments en fer sera répandu, il y aura forcément les matières nécessaires aux réparations de ces navires; il s'ensuit qu'il n'y aura généralement besoin d'avoir à bord que de quoi parer aux cas d'urgence et réparer les petits dommages. Les bâtiments à vapeur ont déjà nécessairement des ouvriers en fer, une forge, des tôles, des forets, des fraises et les autres outils nécessaires. Les bâtiments à voiles en fer, qui partiraient pour un long voyage, n'auraient qu'à se munir aussi d'un ou deux ouvriers en métaux et des matières indispensables.

Capacité intérieure.

La plus grande capacité intérieure des bâtiments en fer, comparativement à celle des bâtiments en bois, pour les mêmes dimensions extérieures, est encore un avantage fort appréciable; il est d'autant plus sensible que le bâtiment est plus petit et de forme plus fine, l'épaisseur de la muraille étant alors une fraction plus considérable de la largeur totale d'un bord à l'autre; mais cet avantage est loin d'être à négliger, dans les bâtiments de plus grandes dimensions. Ainsi j'ai fait le calcul des capacités intérieures, pour un bâtiment à vapeur de 220 chevaux, de 54 mètres de longueur sur 9 mèt. 20 de largeur, et 5 mèt. 80 de creux, premièrement dans l'hypothèse où il serait construit en fer d'après les procédés de M. Laird, et ensuite pour le cas ordinaire de l'exécution en bois. Le résultat de ce calcul est que les capacités du bâtiment en fer sont, à celles du bâtiment en bois, dans le rapport de 121 à 100.

De l'agrément du séjour à bord.

En même temps que cette grande capacité intérieure procure un immense avantage pour placer les objets d'armement ou de cargaison, elle contribue aussi beaucoup à l'agrément du séjour à bord des bâtiments en fer, en rendant les emménagements plus spacieux, la cale moins encombrée et plus facile à aérer. Ces bâtiments sont, en outre, par la nature même de leurs parois, beaucoup plus faciles à tenir propres et à préserver des exhalaisons fétides de la cale, provenant de l'eau qui séjourne et se corrompt entre les mailles des bâtiments en bois; on y est beaucoup plus exempt de toute sorte de vermines. Dans les pays chauds, l'air de la cale est sans cesse rafraîchi par l'eau de la mer à travers les parois conductrices de la muraille; et toutes ces causes réunies ne peuvent manquer d'exercer leur influence favorable sur la santé des marins.

De l'effet des boulets.

On a objecté, contre l'application du fer à la construction des bâtiments de guerre, l'effet que le boulet produira sur leur muraille, et on s'est déja beaucoup occupé, en Angleterre, de cette question. J'ai eu connaissance d'expériences faites dans le but de fixer les idées à cet égard, et l'opinion qui en est résultée pour moi, c'est que ce côté de la question des bâtiments en fer, loin de leur être défavorable, vient encore les placer bien au-dessus des bâtiments en bois. On craignait d'abord que le boulet, au lieu de faire son trou dans une tôle, ne fît partir en grand les lignes de rivets qui la retiennent par son contour; mais le phénomène ne se passera jamais ainsi, quand le rivetage sera bien proportionné avec l'épaisseur de la tôle, même en ne la supposant pas appuyée sur une membrure. Si le boulet frappe à quelque distance des contours de la tôle, il s'y frayera un passage, en laissant les lignes de rivets intactes; s'il frappe contre un joint, cinq ou six rivets se déchireront, le boulet passera entre deux tôles et tout s'arrêtera là. Une pièce de tôle ne pourrait être emportée en grand que si cette pièce était très-petite, car alors le nombre de rivets, travaillant à la fois sur son contour, ne suffirait pas pour soutenir le choc.

On m'a parlé, à Liverpool, d'expériences faites à Woolwich, qui ont confirmé pleinement ce que je viens d'énoncer.

De plus, dans un bâtiment en fer, la tôle n'est pas seulement retenue par son contour; chaque pièce du bordé a toujours au moins 2 mètres 45 de longueur, et, par suite, elle s'appuie sur quatre ou cinq membres, auxquels elle est aussi rivée, ce qui rend les lignes de rivets du contour encore plus à l'abri de l'effet du choc. Il n'y a pas à s'occuper des boulets obliques, destinés à glisser sur la surface, en la déprimant plus ou moins; mais, pour ceux frappant les œuvres mortes, dans une direction moins éloignée de la normale, il faut renoncer à les arrêter; car, quelle que soit l'épaisseur qu'on assigne à un bordé, on pourra toujours le voir exposé à une artillerie assez puissante, pour qu'il ne soit pas capable d'en amortir les coups : il serait donc inutile de donner à ce bordé plus de force que celle nécessaire à la solidité du navire considéré comme corps naviguant; il en aura assez, en même temps, pour arrrêter la mitraille : aller au delà pourrait être plutôt nuisible qu'utile, et il me semblerait convenable que la proportion de force, dans les œuvres mortes d'un bâtiment de guerre, entre la membrure et la tôle du bordé, fût calculée de telle sorte, qu'un boulet, frappant entre deux membres, déchirât la tôle, plutôt que de rompre la membrure. Quelques expériences faites à terre suffiront pour déterminer pratiquement ces proportions. La question la plus importante à résoudre est celle de savoir, quel est le meilleur procédé pour parer à l'inconvénient des boulets à la flottaison. Avec un simple revêtement en tôle, il est certain qu'on serait exposé à y avoir des voies d'eau bien plus dangereuses que celles que fait le boulet dans un épais bordage en bois, qui se referme presque complétement après son passage. Voici ce que je proposerais, pour écarter cet inconvénient. Qu'on place à l'intérieur, dans l'intervalle des membres en fer, des bouts de bordages en bois, verticaux, juxtaposés, appliqués sur la tôle avec du feutre gras, et régnant environ à 1 mètre en dessous et à 50 cent. en dessus de la flottaison; qu'on recouvre ce massif par de la tôle à l'intérieur, et qu'on relie le tout, par des boulons fraisés sur la tôle extérieure et écrouis en dedans. Si on reçoit, à la flottaison, des boulets assez puissants pour traverser les deux tôles et le massif en bois intermédiaire, ce massif laissera évidemment passer moins d'eau, en pareil cas, qu'une muraille en bois ordinaire, et cette voie d'eau pourra, presque toujours, être facilement étanchée de l'intérieur. Un bâtiment ainsi fortifié à la flottaison, divisé, en outre, en compartiments indépendants par les cloisons en tôle, dont il ne faut pas oublier l'importance, ne sera-t-il pas bien autrement difficile à couler bas, que la plus solide de nos constructions actuelles?

Voici encore un procédé, dont on a parlé en Angleterre, pour parer à l'inconvénient des boulets, à la flottaison dans les bâtiments en fer; il consiste dans un petit appareil ayant de l'analogie, par sa forme et sa dimension, avec un parasol ordinaire; il serait fait en toile cirée, avec les côtes placées en dessus du tissu, au lieu d'être en dessous. Cet appareil serait destiné à être passé, de l'intérieur du bâtiment, par le trou qu'aurait fait un boulet dans le revêtement; puis, étant développé, une fois en dehors, on le rapprocherait ensuite de la surface du navire, en tirant à soi le manche, qu'on amarrerait à l'intérieur. La pression de l'eau elle-même faisant appliquer la toile sur la tôle, la voie d'eau serait étanchée d'une manière suffisante pour qu'on pût attendre le moment plus opportun d'une réparation complète.

Ce procédé ne serait, en tous cas, applicable qu'aux parties de la muraille facilement accessibles : pour les bâtiments à vapeur, ayant des soutes à charbon latérales, il n'est guère possible de ménager des cursives.

Faisons maintenant la comparaison, au moment du combat, entre un bâtiment en bois et un bâtiment en fer, et reportons-nous à ce qui se passera dans les œuvres mortes, occupées par les combattants.

Les marins, qui ont eu occasion de voir des combats sur mer, s'accordent à dire, que le nombre d'hommes tués ou blessés directement par le boulet est toujours une fraction peu forte du nombre total de ceux hors de combat. J'ai entendu des hommes compétents porter ce chiffre au quart et même au cinquième; le reste est atteint par les éclats de bois, qui produisent les blessures les plus dangereuses, et un seul boulet, enlevant une vaigre dans une batterie, peut y faire un mal terrible, quoique le projectile lui-même n'ait atteint personne.

Qu'arrivera-t-il aux bâtiments en bois, dans les combats à venir, avec l'emploi des obus destinés à éclater dans les murailles? On peut en prévoir les ravages; mais, sur le bâtiment en fer, ils n'y feront que l'effet d'un boulet ordinaire, d'un gros diamètre. Chaque boulet plein, traversant les tôles, ne trouvera à arracher avec lui rien qui puisse lui servir, en quelque sorte, à se multiplier, et il ne blessera que ce qui se trouvera dans le chemin de sa circonférence. Plus je réfléchis à cette question, plus je deviens convaincu qu'uu bâtiment en fer, convenablement construit, pourra lutter avec avantage contre un bâtiment en bois, qui aurait une artillerie beaucoup supérieure à la sienne, et que, à force égale, il devra l'écraser.

Qu'on songe ensuite au temps nécessaire pour réparer les avaries d'un bâtiment en bois, ou d'un bâtiment en fer, rentrant au port, après un combat acharné, si on suppose l'arsenal de ce port également bien muni pour l'un ou l'autre genre de travail. En se reportant aux détails de construction des bâtiments en fer, on verra que rien n'est plus facile que de délivrer un membre ployé ou rompu, de le passer à la forge et de le remettre en place, de changer une tôle bossuée ou déchirée, de remplacer un barrot, de changer même une pièce de l'étrave ou de l'étambot. On manque encore de faits d'expérience, pour pouvoir établir une comparaison numérique du temps et de l'argent nécessaires à la réparation de deux bâtiments en fer ou en bois, après un combat; mais, à en juger par les cas d'échouages et d'abordages qui se sont présentés, l'économie de temps et d'argent est considérable pour les bâtiments en fer. (*Voy.* la réparation de *la Nemesis*, à l'article de la sécurité dans la navigation.)

Du compas de route.

Les erreurs dans les indications des compas de route, placés à bord des bâtiments en fer, ont été une des difficultés les plus importantes à surmonter, pour qu'il devînt possible d'employer, avec sûreté, ces bâtiments à la navigation hauturière; ces erreurs ont été cause de la perte de plusieurs navires anglais, et ont amené un temps d'arrêt dans le développement de l'emploi du fer à la construction des navires.

Les bâtiments en fer, sous l'influence de l'action magnétique de la terre, deviennent eux-mêmes un aimant variable, ayant son pôle nord tantôt vers l'étrave, tantôt vers l'étambot, suivant la position du navire, par rapport au méridien magnétique; souvent aussi, ils agissent comme un aimant permanent, dont la ligne des pôles occuperait une position oblique par rapport au plan diamétral. Cette aimantation permanente paraît généralement se produire par l'action de la mise en place des rivets et du mattage des tôles. De toutes ces influences combinées il résultait, dans les indications du compas, des erreurs énormes qui, à bord du *Raimbow*, lorsqu'on faisait tourner le bâtiment sur place, ont varié depuis 0° jusqu'à 50° de chaque côté du méridien magnétique. Le procédé compensateur de Barlow, consistant en plusieurs plateaux en fer placés, par expérience, dans une position telle que leur ensemble détruise continuellement l'influence du fer du bâtiment, remédiait déjà au mal, en partie. Cette question a été reprise ensuite par sir George Biddel Airy, astronome royal, qui s'en est occupé à la demande de l'amirauté anglaise, et dont la théorie et les expériences sont décrites par lui dans les *Transactions philosophiques* de 1839. Une notice sur le résultat de ces expériences a été traduite, de l'anglais, par M. Darondeau, ingénieur-hydrographe de la marine : cette notice se trouve dans nos *Annales maritimes* du mois de janvier 1842; je me bornerai donc ici à en extraire les règles pratiques suivantes, publiées par M. Airy dans le *United service journal* pour juin 1840.

Instructions pour corriger les compas, à bord des bâtiments en fer.

« . . . 1° On recommande de ne rien entreprendre, pour la correction des compas, avant la construction des habitacles ou de leurs autres supports; toutefois il ne faut pas fixer ceux-ci : on ne doit non plus rien faire avant qu'on ne se soit procuré les compas qui doivent servir pour le navire, car ce n'est qu'alors qu'on pourra, en général, déterminer la véritable hauteur du compas au-dessus du pont, ou sa véritable distance au pont ou au plafond de la cabine, éléments dont la connaissance exacte est d'une grande importance dans les opérations nécessaires pour la correction.

« . . . 2° Les compas peuvent être placés en un endroit quelconque du pont ou des cabines, et à la hauteur que le capitaine juge convenable; mais il faut bien se mettre dans l'esprit que la correction ne s'applique qu'à ces positions, et qu'une fois que l'opération est terminée, il n'est plus permis de faire subir à la position des compas la plus légère altération.

« . . . 3° Si les compas du navire sont très-sensibles, les habitacles, etc., peuvent être fixés, et la correction peut se faire avec les compas en place : on évitera ainsi de la peine. Mais, en général, il sera mieux que l'opérateur se munisse de compas d'une extrême sensibilité, afin d'en employer un dans la position du compas de chaque navire.

« . . . 4° L'opérateur doit aussi être pourvu d'un compas de relèvement, d'une grande délicatesse, pour servir à terre.

« . . . 5° Le navire doit être placé dans une darse ou un bassin, où il y ait toutes les facilités pour l'amarrer solidement, dans une position quelconque : il sera nécessaire d'avoir deux haussières attachées à ses joues, et deux à ses hanches.

« . . . 6° Quand le capitaine a fixé la position dans laquelle chaque compas doit être placé, on doit laisser tomber un fil à plomb de l'endroit qu'occupe le centre de l'aiguille sur le pont, ou, si le compas est dans une cabine, mener de ce point la perpendiculaire au plafond, et, à partir du point ainsi trouvé sur le pont ou sur le plafond de la cabine, tracer avec de la craie, sur le pont ou sur le plafond, deux lignes dont l'une soit exactement parallèle à la quille du navire, ou de l'avant à l'arrière, et dont l'autre soit exactement perpendiculaire à la première, ou par le travers du navire. Il sera toujours bon, quand ces lignes seront tracées sur le pont, d'en faire de correspondantes au-dessous des bordages du pont ; car le plafond sera généralement une place plus sûre et plus commode pour y attacher les aimants de correction.

« . . . 7° Pour chaque compas, l'opérateur doit être pourvu de deux barreaux fortement aimantés, enveloppés soigneusement de suif et enfermés chacun dans une boîte en bois mince. Dans quelques circonstances, on a employé des aimants de 14 pouces de long ; mais on recommande d'employer, dans tous les cas, des aimants de 2 pieds, ou même davantage : on verra que les aimants grands et puissants peuvent être placés plus convenablement et plus en sûreté que des aimants de moindres dimensions ; et de plus, par ce moyen, l'effet d'un léger changement dans la position du compas sera considérablement diminué.

« . . . 8° Chaque aimant, lorsqu'il est monté, doit avoir son centre sur l'une des lignes de craie dont on a parlé plus haut, soit dans une ligne verticale au-dessus de l'une de ces deux lignes, comme, par exemple, en dedans ou en dehors de l'habitacle, ou dans tout autre plan vertical, soit dans une ligne verticale au-dessous, soit encore dans une ligne verticale au-dessus de leur intersection : cette condition est essentielle à la correction. Peu importe laquelle des deux lignes est prise pour l'un ou l'autre aimant ; mais le centre de chaque aimant ne doit se trouver dans aucun des angles compris entre les lignes tracées à la craie, ni au-dessus, ni au-dessous.

« . . . 9° La correction de chaque compas exige un aimant, que j'appellerai A, dont la longueur soit placée perpendiculairement à la quille; puis un second aimant, que j'appellerai B, placé dans le sens de la quille. Peu importe sur laquelle des deux lignes de craie l'un ou l'autre de ces aimants est placé, ou si tous deux sont sur la même ligne, ou non. Je recommanderai cependant de placer l'aimant A sur la ligne qui va de l'avant à l'arrière, et l'aimant B sur la ligne du travers, parce qu'alors le compas ne sera sujet à aucune erreur, quand le navire donnera à la bande, ou quand il tanguera.

« . . . 10° L'opérateur doit être aussi pourvu, pour chaque compas, d'une boîte renfermant une petite chaîne en fer, ou une boîte de clous, pourvu que ceux-ci ne soient pas tous rangés dans la même position, ou enfin d'une boîte de petits morceaux de fer malléable, d'une forme quelconque. La boîte peut avoir 6 ou 7 pouces de long, sur la moitié en largeur ou en profondeur; pour l'employer, son centre doit être placé au-dessus des lignes de craie, à la même hauteur que le centre des compas (des expériences ultérieures indiqueront quelle est la ligne qu'il faut choisir), et son extrémité doit être tournée avec le centre du compas. »

Ces préliminaires bien entendus, on peut procéder à l'opération définitive ainsi qu'il suit :

« . . . 11° Montez les compas du navire à leur place, s'ils sont bons, ou, dans le cas contraire, montez les compas sensibles (mentionnés dans l'article 3), sur des supports tels que leurs centres occupent exactement la place des centres des compas du navire.

« . . . 12° Mettez le cap du navire exactement au nord ou au sud magnétiques, ce dont vous vous assurerez en visant, avec le compas de relèvement qui est à terre, les mâts ou des mires convenables placées sur l'avant et sur l'arrière du bâtiment. Les compas du navire se trouveront probablement alors affectés d'une erreur considérable.

« . . . 13° Prenez l'aimant A, en évitant pour lui le voisinage d'un autre aimant, et le tenant avec soin dans la position qui lui est propre, sa longueur perpendiculaire à la quille; faites-le glisser, ou sur le pont, ou sur le plafond, ou sur le côté de l'habitacle, sur la partie, enfin, à laquelle vous vous proposez de l'attacher, en maintenant toujours son centre sur la ligne de craie, jusqu'à ce que le compas pointe exactement; fixez-le alors provisoirement. Faites la même opération pour tous les compas du navire.

« . . . 14° Il sera prudent de faire faire au navire une demi-révolution, c'est-à-dire de lui mettre le cap au sud, s'il était d'abord au nord, et si l'opération de l'article 13 a été faite avec soin, le compas du navire doit aussi pointer exactement dans cette position; si cela n'a pas lieu, l'opération doit être répétée jusqu'à ce que l'erreur, dans les deux positions du navire, soit aussi petite que possible.

« . . . 15° Laissez l'aimant A ainsi fixé, et mettez le cap du navire exactement à l'est ou à l'ouest, ce dont vous vous assurerez, au moyen du compas qui est à terre : les compas du navire seront probablement alors affectés d'erreurs considérables. Prenez l'aimant B, et, le tenant avec soin dans la position qui lui est propre, c'est-à-dire, ayant la longueur dans le sens de la quille, faites-le glisser sur le pont, ou sur le plafond, sur la partie, enfin, à laquelle il doit être fixé, en maintenant toujours son centre sur la ligne tracée à la craie, jusqu'à ce que le compas pointe exactement; fixez alors l'aimant B provisoirement. Faites la même opération pour tous les compas du navire.

« . . . 16° Essayez alors le compas, en faisant prendre au cap du navire les directions du nord, de l'est, du sud et de l'ouest : si l'opération est faite avec soin, les compas s'accorderont dans toutes les positions avec le compas qui est à terre; s'ils ne s'accordent pas, l'opération ou quelques-unes de ses parties devront être refaites, jusqu'à ce que l'accord ait lieu : au surplus, cela sera rarement nécessaire. Les aimants peuvent alors être fixés d'une manière permanente.

« . . . 17° Mettez maintenant le cap exactement au nord-est, ou au sud-ouest, d'après le compas placé à terre; le compas du navire sera peut-être trouvé en erreur; cette erreur dépassera rarement 3°. Si l'aiguille de l'un des compas pointe trop à droite (*), la boîte qui renferme la chaîne doit être placée sur tribord, ou sur bâbord, peu importe; si l'aiguille pointe trop à à gauche, la boîte doit être placée sur l'avant, ou sur l'arrière.

« . . . 18° Au lieu de cette dernière opération, on peut mettre le cap exactement au nord-ouest ou au sud-est; alors, si l'aiguille pointe trop à droite, la boîte, qui renferme la chaîne, doit être placée sur l'avant ou sur l'arrière; si elle pointe trop à gauche, la boîte doit être placée sur tribord ou sur bâbord : la distance doit être déterminée par tâtonnement, jusqu'à ce que le compas pointe exactement.

« . . . 19° Ces opérations une fois terminées, le compas sera exact dans toutes les positions du navire. »

Les opérations indiquées ci-dessus sont si simples, que toute personne intelligente et habituée à l'usage du compas pourra passer avec assurance par toute leur série, et, si le magnétisme du navire vient à éprouver un change-

---

(*) Pour l'observateur regardant le compas, de la pointe de l'aiguille la plus voisine du rumb indiqué entre lui et le centre du compas.

ment notable au bout d'un certain temps, un capitaine expérimenté n'aura pas de peine, en se conformant aux mêmes règles, à faire subir à la position des aimants les modifications convenables.

Saleté des carènes.

Le seul inconvénient des bâtiments en fer qu'on connaisse aujourd'hui et qu'on trouvera probablement le moyen d'écarter, c'est que la surface de la carène est plus prompte à se salir que celle des bâtiments en bois doublés de cuivre. Cet effet n'est guère sensible sur les bâtiments à vapeur, qui sans cesse vont et viennent sur les côtes d'Angleterre ; mais on s'en est beaucoup plaint, à bord de quelques-uns des bâtiments à voiles, qui ont fait des voyages dans les pays chauds. Parmi ces derniers, toutefois, il y a des différences remarquables de l'un à l'autre. J'ai déjà parlé, à l'article durée et entretien des bâtiments en fer, du bon état dans lequel se trouvait *le Iron-Sides*, lorsque je l'ai vu haler à terre, après avoir été quatorze mois sans être visité, et revenant, en dernier lieu, de l'Amérique du Sud : il n'y avait, sur la carène, que de petits coquillages peu adhérents, et qu'on faisait tomber facilement, avec un morceau de bois ou un balai. Une fois ces coquillages enlevés, la surface de la tôle était de l'aspect le plus satisfaisant, conservant encore, par places, des traces de la peinture au minium.

D'une autre part, M. Grantham rapporte que *le John-Garrow* est revenu de son voyage de l'Inde couvert d'une masse de coquillages, et plus abondamment de ceux que les naturalistes appellent *balances;* il y en avait peu jusqu'à quelques pieds au-dessous de la flottaison lége, mais les parties inférieures de la carène en étaient couvertes, excepté sur les têtes de rivets, restées nettes. Il ajoute que *le Iron-Duke*, arrivant quelque temps après de Calcutta, présenta cette différence sur *le John-Garrow*, que sa carène était très-propre, ayant seulement, contre ses parois, un petit nombre de mollusques appelés *otion*, et quelques bernicles communes.

M. Grantham cherche à trouver dans les effets électriques une raison pour expliquer la non-adhérence sur les têtes fraisées des rivets, à bord du *John-Garrow;* son explication paraît peu admissible. Il termine cet article sur la saleté des carènes, en proposant, pour les nettoyer à flot, l'emploi d'un grattoir en bois mû par des cordes passant, au-dessous du navire, d'un bord à l'autre ; mais cet instrument n'est employé à bord d'aucun bâtiment en fer, et je pense que, dans l'intérêt de la durée du bordé, il vaut beaucoup mieux attendre, pour le nettoyer, qu'on puisse abattre en carène ou entrer dans un bassin, et remettre ensuite une couche de peinture au minium.

Prix de revient des bâtiments en fer et de ceux en bois.

A l'article du poids de coque des bâtiments en fer, nous avons vu combien, pour des bâtiments de mer de même tonnage, on rencontre de poids de coque différents. De là résulte une grande variabilité dans le prix de revient de la coque des bâtiments en fer estimés à tant le tonneau de jauge, base ordinaire de l'évaluation des bâtiments en bois en Angleterre. Mais, en comparant les prix et les poids de coque, qui m'ont été communiqués pour divers bâtiments en fer, j'ai pu vérifier la loi simple que voici : c'est que, à Liverpool, le prix du tonneau pesant de la coque d'un bâtiment en fer (en y comprenant le bordé en bois du pont, et, le plus souvent aussi, un pavois en bois au-dessus du pont des gaillards) ne varie guère que de 38 à 40 livres sterling. Les bâtiments les plus avantageux, sous le rapport du prix du tonneau de poids de coque, sont ceux qui emploient des fers de dimension moyenne : dans les petits bâtiments légers, la main-d'œuvre, comparée au poids de matière employée, entre pour une fraction plus considérable ; dans quelques bâtiments de fortes dimensions, au contraire, on est obligé de payer le tonneau de tôle et de cornière un prix plus élevé, à raison de la difficulté de fabrication.

Pour les bâtiments à vapeur d'une force comprise entre celle de 200 à 300 chevaux, en supposant l'exécution parfaitement soignée, on peut compter que, maintenant, à Liverpool, le tonneau de poids de coque se vendra 40 livres sterling. Le tonneau de jauge coûtera 40 fr., multiplié par le rapport qu'on aura établi entre le poids de coque et le tonnage. Si on prend les bâtiments en fer les plus légers, on trouvera ainsi que le prix du tonneau de jauge sera de 16 livres sterling; et si on suppose qu'on fasse un bâtiment en fer, dans lequel on ait sacrifié la légèreté au désir d'avoir un bâtiment excessivement solide, au point d'avoir un poids de coque égal à celui des plus forts bâtiments en bois, de même dimension, alors la coque pèsera environ 0,60 du tonnage, mesuré d'après l'ancienne mesure anglaise, et le prix sera à raison de 24 livres sterling le tonneau de jauge. C'est exactement ce que M. Wilson a vendu les coques des derniers grands steamers en bois qu'il a construits, à Liverpool, pour des compagnies particulières ; entre autres *l'Indostan,* bâtiment à vapeur de 520 chevaux, jaugeant 1,830 tonneaux, destiné à la compagnie des bâtiments à vapeur des Indes orientales. Autant que j'ai pu en juger, en visitant plusieurs fois ce bâtiment pendant le montage de sa machine, et aussi en examinant, au chantier de M. Wilson, *le Bentinck*, autre steamer encore en construction et semblable à *l'Indostan*, ces bâtiments m'ont paru être d'une exécution parfaitement soignée, tant sous le rapport du choix des matériaux que de l'intelligence qui a présidé à leur emploi.

Voici quels en sont les éléments d'appréciation.

Dimensions principales, avec le prix de revient, de l'Indostan.

Longueur, sur le pont.	230 p.	» p.	70m,15
Longueur de quille..	220	»	67 ,10
Largeur, au maître, hors bordage.	39	6	12 ,04
Tonnage (ancienne mesure).	1,830 tonneaux.		

Machines par M. Fawcett.

Diamètre des cylindres.	» p.	78 ¼ p.	1m,987
Course (la plus grande qui ait été faite pour bâtiments de mer). .	8	»	2 ,440
Diamètre des roues.	32	»	9 ,760

Prix.

	liv. st.	francs.
Coque.	44,000	1,100,000
Cabines, salon, mâture, objets d'armement. .	9,000	225,000
Machines, avec plusieurs pièces de rechange. .	26,800	670,000
Total.	79,800	1,995,000

En comparant le prix de la coque 44,000 liv. au chiffre du tonnage 1,830, on voit que c'est à raison de 24 liv. le tonneau, et de 28,9 en y comprenant les cabines et objets d'armement.

D'après une note qui m'a été communiquée par M. Laird, le prix, par tonneau, des steamers du gouvernement anglais serait de 28 à 30 livres sterling, pour le bâtiment tout armé, non compris la valeur de la machine.

Le Montezuma, frégate à vapeur jaugeant 1,164 tonneaux et construite dernièrement en Angleterre, pour le compte du gouvernement mexicain, a coûté 50,000 liv., tout compris. Ce bâtiment est mû par une machine de 280 chevaux, et ses dimensions principales sont :

Longueur, entre perpendiculaires.. . .	203 p.	61m,61
Largeur, au maître..	24	10 ,37
(*) Creux sur quille, au pont supérieur. .	16	4 ,88

(*) On voit que le *Montezuma*, destiné, comme la *Guadalupe*, à aller sur les côtes du Texas, a très-peu de creux.

Or voici les dimensions principales d'un bâtiment en fer de 280 chevaux, dont M. Laird proposerait la construction au gouvernement français, et le prix qu'il demande pour ce travail :

Longueur, entre perpendiculaires . . .	180 p.	54m,90
Largeur, au maître.	32	9 ,76
Creux sur quille, au pont supérieur. .	20 ½	6 ,25
Tirant d'eau, en charge.	12	30 ,66
Tonnage.	873 tonneaux.	

Machines à balanciers de MM. Forester et compagnie.

Diamètre des cylindres. . .	» p. 62 p.	1m,363
Course.	6 »	1 ,830

Prix de la coque, y compris tout le travail de charpente et de menuiserie.	18,000 l. st.	450,000 fr.
Mâture, voiles, ancres, chaînes et tous les objets d'armement, excepté l'artillerie et les rechanges.	4,500	112,500
Machines.	13,500	337,500
Total du bâtiment.	36,000	900,000 fr.

Le prix de revient des bâtiments en fer, à Londres et à Bristol, sont à peu près les mêmes qu'à Liverpool ; mais, en Écosse, ces constructions se font à meilleur marché.

J'ai dit que le prix du tonneau pesant de la coque était d'environ 40 liv. à Liverpool ; or il ne s'élève pas au-dessus de 33 liv., pour tous les bâtiments écossais en fer, dont j'ai pu me procurer les prix et les poids.

On connaît aussi à quel bas prix on exécute, à Glascow et à Greenock, les machines à vapeur marines. On y fait maintenant les machines à clocher, à raison de 33 à 34 liv. par cheval. Telles ont été les bases du prix de presque tous les bâtiments à vapeur en fer construits à Glascow et à Greenock : je citerai ici le steamer *Prince of Wales*, dont les détails d'exécution se trouvent à la deuxième partie de ce rapport ; ce bâtiment, jaugeant 500 tonneaux, ayant pour poids de la coque achevée 200 tonneaux, et muni d'une machine de la force de 260 chevaux, a coûté (*) :

(*) Communiqué par M. Wingate à Glascow.

La coque.	6,600 liv.
Mâture et gréement. .	900
Cabines.	1,500
Machines.	8,775
Total.	17,775 ou 444,375 francs.

La grande infériorité du prix de revient des bâtiments en fer en Écosse sur ceux de Liverpool tient à diverses raisons.

D'abord je dois dire que, après avoir vu les travaux de M. Laird, à Liverpool, j'ai été frappé du peu de soin qu'on apportait, dans les chantiers de Glascow, à l'exécution de maints détails, parmi lesquels je citerai, à cause de son importance, celui de la confection des joints des tôles du bordé. Pour ceux à franc-bord, c'est à peine si on se préoccupait de faire coïncider, dans toute la longueur de la couture, les abouts des tôles, de sorte qu'on y trouvait de longs vides de 3 à 4 millimètres de large, qu'on remplissait ensuite avec des lames de fer qui tenaient seulement par le mattage. Pour les cloisons étanchées, le mastic de fer joue un grand rôle à Glascow, et n'est nullement employé chez M. Laird. On conçoit qu'on puisse ainsi économiser sur la main-d'œuvre; mais, indépendamment du soin apporté au travail, il y a d'autres causes qui permettent d'exécuter les travaux de fer, à Glascow, à meilleur marché qu'à Liverpool : cela ressortira de la comparaison des tableaux suivants des prix de journées d'ouvriers, auxquels j'ai joint le prix courant des fers et du charbon.

Prix de main-d'œuvre à Liverpool.

Dans les chantiers de bâtiments en fer (en septembre 1842), les contremaîtres sont payés, au mois, au prix de. . . . 9 à 10 liv.

Tous les ouvriers sont payés à la journée et soldés à la fin de chaque semaine :

Les charpentiers, à raison de.	5ˢ par jour.
Forgerons façonnant les membres.	5ˢ
Forgerons travaillant à plier et à présenter les tôles du bordé, de.	5ˢ 6ᵈ à 4ˢ 9ᵈ
Ouvriers riveurs.	3ˢ 6ᵈ
Ouvriers perçant les trous des rivets. . . .	3ˢ
(*) Les apprentis, de.	2 à 3 et 5ˢ par semaine.

(*) Dans toute l'Angleterre, les enfants sont admis comme apprentis dans les ateliers en métaux,

Prix courant des fers et du charbon à Liverpool (en septembre 1842).

Fers de Staffordshire.	Fer en barre.	7 liv.	»	par tonneau de 2,240 livr. ou 1,015 kil.
	Tôles.	10	»	
	Fers d'angle.	10	»	
	Fer pour rivets. . . .	11	»	
Fers de Loowmoor (Yorkshire).	Fer en barre.	16	»	
	Tôles.	20	10^s	
	Fer pour rivets. . . .	16	»	
Tôles de Coalbrookdale.		11	»	

Si les tôles dépassent 224 livres la feuille, le prix est plus élevé.

Les pièces de quille de *la Guadalupe* sont des tôles de Loowmoor, et ont coûté à M. Laird 28 le tonneau; toutes les tôles du flanc sont de Coalbrookdale.

Charbon de forge 1re qualité.	14^s	6^d	le tonneau.
— ordinaire de Liverpool. . . .	10	»	
— pour fourneaux.	9	6	
Coke 1re qualité.	21	»	
— ordinaire servant à chauffer les membres pour les façonner.	15	»	

Prix de main-d'œuvre dans les chantiers des bâtiments en fer à Glascow (en août 1842).

Contre-maître.	35^s	par semaine.
Charpentiers.	4	par jour.
Bons forgerons.	4	
Ouvriers riveurs.	3	
Journaliers.	2	
Apprentis.	» à 2 et 3^s	par semaine.

---

entre onze et quatorze ans, et ne peuvent être reçus ouvriers qu'après avoir servi pendant sept ans comme apprentis; quelques apprentis payent, les premiers six mois, le maître qui les instruit. Le plus grand nombre est admis pour rien, et ils reçoivent bientôt un salaire qui va en augmentant d'année en année, qui commence par n'être, le plus souvent, que de 8 pence par jour, et qui peut s'élever, avant la fin des sept ans d'apprentissage, jusqu'à 27 schellings par semaine. Au bout de sept ans, ils reçoivent leur brevet d'ouvrier. Un bon ouvrier ajusteur, à Liverpool et à Londres, n'est pas payé moins de 6 schellings par jour, un bon forgeron de 7 à 8 schellings, un charpentier-modeleur 6 schellings, un fondeur de 6 à 7 et 8 schellings suivant son talent, un tôlier façonnant les fers d'angle 32 schellings par semaine, un riveur de 26 à 27 schellings. Les contre-maîtres ajusteurs et forgerons, dans les ateliers de Fawcett, à Liverpool, Maudslay et Miller, à Londres, sont payés 42 schellings par semaine.

A l'arsenal maritime de Woolwich, le gouvernement ne paye ses meilleurs ouvriers forgerons que 4 schellings par jour; mais on m'a affirmé que pas un d'eux ne valait les bons forgerons employés par l'industrie particulière.

Prix courant des fers et charbons à Glascow (en août 1842).

Fer en barre.	5 liv. 10s par tonneau.
Tôle 1re qualité.	10 »
Fers d'angle.	10 »
Fer pour rivets.	10 »
Bon charbon de forge. . . .	14 »
Charbon inférieur.	9 »
Excellent coke.	21 »
Coke de qualité inférieure. . .	14 »

On voit, par ces tableaux, que le prix de main-d'œuvre, à Glascow, est bien inférieur à celui de Liverpool; il l'est, à très-peu près, dans le rapport de 3 à 4, en comparant les personnels d'atelier de M. Laird et de MM. Tod et Mac-Gregor. Les prix des fers et charbons sont aussi moindres, et ces deux influences réunies suffisent pour expliquer comment le tonneau de coque des bâtiments en fer, coûtant 40 liv. à Liverpool, ne revient qu'à 33 liv. à Glascow.

Le déchet de matière, dans la construction d'un bâtiment en fer, peut être rendu minime, en prenant le soin, auquel ne manque jamais aucun constructeur anglais, de tracer toutes les tôles du bordé sur un modèle du bâtiment en bois massif, et d'y mesurer les dimensions de chaque pièce, de prendre aussi, sur le vertical, le développement de chaque couple, etc., etc., et de demander alors aux maîtres de forge des tôles et cornières de dimensions fixées. Avec ces précautions, le déchet, pour *le Great-Britain*, n'a été que de 24 tonneaux sur 830, ce qui fait moins de 3 pour 100 de déchet.

J'ai recueilli aussi, en Angleterre, quelques données sur le temps nécessaire pour exécuter un bâtiment en fer, et elles m'ont conduit au résultat suivant : c'est que, dans les chantiers anglais bien installés pour la construction de ces navires, avec un personnel habitué à ce genre de travail, la mise en œuvre et en place d'un tonneau du poids de la coque correspond, en moyenne, à quatre-vingts journées d'ouvriers; ainsi un bâtiment dont la coque pèsera 100 tonneaux devra se faire en cent jours avec quatre-vingts ouvriers.

Reprenons le chiffre de 40 livres sterling que coûte le tonneau pesant de coque des bâtiments en fer, à Liverpool. On a vu aussi, plus haut, que M. Laird emploie, pour la majeure partie, des tôles de Coalbrookdale, à 11 liv. le tonneau, et quelques pièces de Lowmoor, à des prix plus élevés, ce qui porte le prix du tonneau de matière à 12 liv. environ; il y a donc 28 liv. par tonneau pour le déchet de matière, la main-d'œuvre, l'usure des outils, les frais d'établissement et le gain du constructeur.

Le prix moyen du tonneau des fers de bonne qualité est maintenant, en France, de 700 francs. Quoique la journée de l'ouvrier y soit partout à bien meilleur marché qu'à Liverpool, supposons que cette économie soit compensée aujourd'hui par la moins grande habitude des ouvriers français pour les travaux en fer, et laissons ce même chiffre de 28 liv., ou 700 francs, pour le total de la main-d'œuvre, des frais généraux, etc., etc., et nous arriverons ainsi au chiffre de 1,400 francs pour prix du tonneau pesant de coque de bâtiments en fer exécutés en France dans un chantier outillé pour ce genre de construction ; mais ce prix diminuerait sans doute bientôt, quand les ouvriers seraient exercés; et ne devons-nous pas espérer que, dans un avenir prochain, notre industrie de la fabrication du fer puisse nous le fournir, à un prix plus rapproché de celui que le payent nos voisins ?

Du reste, il est facile de s'assurer que, dans l'état actuel des choses en France, l'emploi du fer à la construction des navires joindra encore l'avantage de l'économie à tant d'autres que nous avons signalés, dans ce rapport.

Il est bon de remarquer, d'abord, que le prix de revient de deux bâtiments, l'un en bois, l'autre en fer, construits pour le même usage, serait loin d'être dans le même rapport que le prix du tonneau pesant de coque, par le fait de cet immense avantage qu'ont les bâtiments en fer de pouvoir être construits bien plus légers que des bâtiments en bois.

Pour apprécier cette influence, prenons un exemple.

Nos bâtiments transatlantiques, de 450 chevaux, ont été faits pour avoir, en charge, un déplacement de 2,500 tonneaux; le poids de la coque est de 1,000 tonneaux, ce qui laisse 1,500 tonneaux disponibles pour les emménagements, l'armement, la machine, le charbon, etc. Supposons qu'on veuille construire un bâtiment en fer donnant aussi 1,500 tonneaux de déplacement disponibles pour le même usage, et voyons quel devra être le poids de la coque de ce navire.

En se reportant à l'article des poids de coque, on verra qu'on peut faire un bâtiment en fer fort solide pour la mer avec un poids égal à 0,3 du déplacement total; prenons donc ce chiffre pour le bâtiment en question : appelons P le poids de coque; le déplacement total sera $P + 1{,}500$, et nous aurons $P = 0{,}3 \times (P + 1{,}500)$, d'où l'on déduit $P = 640$ tonneaux; ainsi le déplacement total ne sera que de $640 + 1{,}500 = 2{,}140$ tonneaux au lieu de 2,500, ce qui donnerait toute facilité pour obtenir avec ce bâtiment en fer une vitesse supérieure. On pourrait craindre d'abord que la place ne manquât à bord de ce bâtiment, ayant un déplacement ainsi réduit; mais il est facile de s'assurer que, vu la moindre épaisseur des murailles, sa capacité intérieure serait au moins égale à celle de son analogue en bois.

Voyons maintenant quel serait, à peu près, l'excédant du prix de revient pour ce bâtiment en fer; la différence ne portera que sur le prix de coque, les autres dépenses étant communes. Or il résulte du travail fait, en 1827, par une commission chargée d'opérer la révision des tarifs, d'après lesquels se calculent les dépenses du matériel de la flotte, que le tonneau pesant de la coque des bâtiments de l'État revient moyennement à 650 francs, y compris le doublage en cuivre; d'après cela, la coque de nos transatlantiques, pesant 1,000 tonneaux, doit être estimée à 650,000 francs.

Si on calcule ce même prix, en partant de celui qui a été alloué à l'industrie particulière, pour les paquebots-postes de 220 chevaux actuellement en construction pour le ministère des finances, on arrivera à un chiffre bien supérieur; car les coques de ces paquebots, non compris les emménagements, sont payées aux constructeurs de la Ciotat 345,000 francs chacune, et leur poids, au lancement, s'est trouvé être de 443 tonneaux, ce qui fait 778 francs par tonneau pesant de coque, au lieu de 650 francs.

Toutefois, maintenons dans cette comparaison le premier chiffre de 650,000 francs pour une coque de bâtiment en bois pesant 1,000 tonneaux.

La coque du bâtiment en fer aurait, avons-nous dit, un poids total de 640 tonneaux, y compris le bordé des ponts, les épontilles, les plats-bords, le dessus des tambours, etc. En estimant ces parties à part, d'après les chiffres consignés dans le travail cité ci-dessus, évaluant ensuite la partie en fer à raison du prix supposé plus haut de 1,400 francs le tonneau, on arrive à voir que le prix de cette coque s'élèverait, au plus, à 840,000 francs, ce qui fait 210,000 francs de plus que celle du bâtiment en bois.

Je pense que cet excédant de 210,000 francs, sur la valeur totale d'un bâtiment à vapeur de 450 chevaux, serait déjà bien compensé par l'avantage d'avoir un déplacement de 2,140 tonneaux au lieu de 2,500; en outre, la durée des bâtiments en fer, le peu de réparations dont ils ont besoin, et, par suite, leurs chômages moins fréquents, permettent d'affirmer, dès à présent, que, au bout de quelques années de service, on trouverait une économie notable. On n'en pourra bien connaître l'importance, que quand une plus longue expérience des bâtiments en fer permettra d'assigner la limite probable de leur durée. Le peu de détériorations qu'ont éprouvées quelques navires, après quatre ou cinq ans de service à la mer, ne fournit pas encore de données suffisantes sur cette question.

Si, dans l'exemple ci-dessus de bâtiment en fer, on voulait mettre le même nombre de tonneaux par cheval, il suffirait d'une machine de 400 chevaux, ce qui économiserait le prix de 50 chevaux et les frais de ces 50 chevaux, par chaque jour de chauffe, et permettrait d'embarquer 50 tonneaux de charbon de plus, différence des poids de machines; par suite, on aurait 750 tonneaux pour 400 chevaux, ce qui est la dépense ordinaire pour vingt-quatre jours. Dans cette seconde manière d'envisager la question, la supériorité en vitesse disparaîtrait, mais l'économie serait bien plus grande.

Des considérations précédentes, il me paraît ressortir clairement que, si la marine se décide à profiter, dès aujourd'hui, des nombreux avantages que présentent les bâtiments en fer, bien loin qu'il en résulte un surcroît de dépenses pour l'État, on arrivera, au contraire, au bout de fort peu d'années, à reconnaître qu'ils auront procuré une économie notable; dès lors, que n'a-t-on pas lieu d'espérer pour l'avenir de ces bâtiments en fer, en remarquant que chaque année rend nos approvisionnements de bois plus difficiles, tandis que le prix d'achat et de main-d'œuvre du fer ne peut manquer d'aller en diminuant à mesure que son usage prendra de l'extension dans notre pays!

DEUXIÈME PARTIE.

DE LA COMPOSITION DES DIVERSES PIÈCES DES BATIMENTS EN FER.

Des quilles.

Les différentes sortes de quilles des bâtiments en fer peuvent se diviser d'abord en deux classes distinctes : les quilles basses et les quilles hautes. Dans chacune de ces classes, on rencontre plusieurs dispositions équivalentes entre elles, mais dont il ne serait pas convenable d'étendre l'application d'une classe à l'autre.

Pour les quilles basses, qui sont plus particulièrement destinées aux bâtiments à vapeur, je citerai celles dont les sections sont représentées planche (2), fig. (1), fig. (2) et fig. (3). Les quilles (1) sont composées de barres de fer massif ayant ordinairement de 6 à 8 mètres de longueur et écarvées ensemble de la manière représentée dans la planche (2). Les tôles formant gabords maintiennent cette quille, en se repliant sur les faces latérales, où elles sont fixées par deux lignes de rivets fraisés dans les tôles. Cette quille est plus particulièrement usitée dans les constructions écossaises. La quille (2) se compose de pièces de tôle pliées sans angles vifs, pour ne pas fatiguer le métal. Les gabords sont rivés par un joint à clin sur les parties latérales de la quille. Les écarts se forment en mettant bout à bout les deux pièces de quille à joindre, et en appliquant, à l'intérieur, une pièce qui va d'un gabord à l'autre, en contournant le creux de la quille; cette pièce est assez longue pour recevoir trois lignes de rivets, de chaque côté du joint. La seule différence entre les quilles (3) et les quilles (2) consiste en ce que les pièces qui la composent ont été faites au laminoir, avec des angles semblables à ceux des cornières. Les quilles (2) et (3) sont presque toujours employées, à Liverpool, à bord des bâtiments à vapeur.

Lorsqu'on veut avoir des quilles plus élevées que 18 ou 20 centimètres, on a généralement recours aux quilles dont les sections sont représentées fig. (4)

et fig. (5) : la première composée de tôles repliées; la seconde composée de tôles et de cornières. Avec la disposition fig. (5), on peut obtenir facilement des quilles de 50 centimètres de hauteur. Pour les quilles fig. (4) et (5), les gabords s'appliquent comme aux quilles fig. (2) et (3). Leurs écarts se font en croisant les joints des tôles et cornières qui les composent, puis en mettant des pièces, à l'intérieur, sur les joints des tôles.

Quant aux quilles creuses fig. (2), (3), (4) et (5), quelques constructeurs avaient, dans l'origine, fait régner les tôles des gabords d'un côté à l'autre, de manière à fermer le dessus de la grille et à préserver le bâtiment de l'effet des avaries ou des voies d'eau ; mais cette disposition a été, depuis, abandonnée. D'abord, elle ôte la faculté de nettoyer l'intérieur de la quille et de la repeindre de temps en temps, soin qui, pris seulement une fois tous les deux ans, arrête complétement l'oxydation, dont les progrès, dans une quille close, peuvent devenir rapides en demeurant inaperçus; enfin, le plus grand défaut de cette disposition, c'est de rendre une réparation à la quille excessivement pénible et coûteuse; car la moindre pièce ou un seul rivet qu'on aurait à y mettre exigerait qu'on enlevât le dessus de la quille et, avant tout, qu'on délivrât plusieurs varangues au-dessus de l'endroit à réparer.

Les pièces de bois placées à l'intérieur des quilles creuses ont aussi des inconvénients du même genre. Leur présence empêche de pouvoir faire une réparation à la quille; l'humidité qu'elles entretiennent, peut-être aussi les acides développés par la fermentation du bois excitent l'oxydation de la tôle. On cite des exemples de quilles ainsi faites, qu'il a fallu changer quand toutes les tôles du bordé étaient encore en parfait état. Enfin, lors même qu'on parviendrait, par l'interposition de mastics ou de feutres, à empêcher cet effet corrosif du bois sur la tôle, il arriverait toujours que ce bois serait destiné à se pourrir avant que les parties en fer n'eussent besoin d'aucune réparation, et, cependant, on ne pourrait changer cette pièce, sans enlever toutes les varangues ou toute la quille.

Il faut aussi se garder d'appliquer des quilles et fausses quilles en bois sur la tôle d'un bâtiment en fer par le moyen d'un chevillage transversal ; car ces pièces en bois offriraient, en cas d'échouage, le danger d'être arrachées avec ou sans les chevilles qui les rattachaient à la tôle, en laissant vides ou mal remplis les trous de ces chevilles dans le métal. C'est ainsi que *le Iron-Duke*, ayant perdu sur des roches sa fausse quille en bois, sans se faire aucun autre mal, faillit couler bas d'eau par les trous des chevilles qui tenaient cette fausse quille. Si quelques cas particuliers obligeaient à mettre une quille ou fausse quille en bois sur un bâtiment en fer, il conviendrait de fixer d'abord à l'intérieur, sur les tôles du bordé, une contre-quille appliquée avec un mastic ou du feutre gras, et tenue par des chevilles, dont les têtes seraient fraisées en dehors; ensuite on adapterait la quille en bois, en la chevillant, à travers la tôle, avec cette contre-quille; mais, pour toutes les raisons émises plus haut, il faut, autant que possible, éviter tous ces mélanges de bois et de fer, surtout dans la carène.

On a appliqué, en Angleterre, à des bâtiments en fer, des dérives ou quilles latérales, planche (2), fig. (6), composées de fortes tôles de 25 à 30 centimètres de hauteur; elles sont tenues aux flancs du navire par deux fortes cornières, qui sont rivées sur une virure, pour laquelle l'ordre des clins a été interverti, de manière qu'elle soit engagée sous les deux virures latérales, et qu'elle touche partout les membres sans aucun remplissage intermédiaire. Ces quilles latérales vont en diminuant de hauteur, de l'avant à l'arrière du navire, et se terminent par une section arrondie, à une assez grande distance de l'étrave et de l'étambot : on s'en sert dans les bâtiments à vapeur, dont on ne veut pas augmenter le tirant d'eau par une quille, afin de diminuer la roideur des mouvements de roulis (voir les détails du *Great-Britain*).

Outre les quilles que je viens de citer, il y a plusieurs autres solutions, dont quelques-unes ne manquent pas d'un certain intérêt; mais ici, comme dans toute cette seconde partie de mon rapport, je suis obligé, pour ne pas être trop long, de me borner à indiquer les dispositions qui m'ont paru préférables ou celles qui, présentant un côté spécieux, ont néanmoins été reconnues vicieuses. Il n'est pas inutile de constater l'essai de ces dernières et les motifs de leur abandon.

Des étraves.

Il y a deux sortes d'étraves : les étraves massives et les étraves creuses. Les premières sont composées d'une pièce de fer unique ayant une section rectangulaire ou le plus souvent trapézoïdale, comme celle représentée planche (2), fig. (7); elles peuvent s'allier indifféremment à une quelconque des quilles (1), (2), (3), (4), avec lesquelles elles s'écarvent au moyen d'un retour ayant environ 1 mètre de longueur, à partir de l'angle du brion. Avec la quille (1), l'écart se fait comme les autres joints des pièces de cette quille; avec les quilles (2), (3) et (4), c'est en diminuant peu à peu la largeur de la quille, jusqu'à venir saisir la partie horizontale de la pièce de fer formant brion. Les étraves massives ou en fer forgé se mettent aussi souvent à des bâtiments n'ayant aucune quille; alors la virure de tôle qui en tient lieu, et dont les côtés se relèvent vers l'avant et vers l'arrière, vient saisir la pièce du brion de la même manière que si cette tôle eût fait quille d'un bout à l'autre. Les tôles du bordé viennent s'appliquer sur les faces latérales de cette étrave en fer et y sont rivées par deux rangs de rivets allant, de part en part, de la même manière que les gabords sur la quille (1).

La section des étraves creuses est représentée fig. (8); elles sont composées de pièces de tôles ayant environ 2 mètres de long et pliées de manière que les faces latérales soient le prolongement continu des façons du navire. Le rayon de courbure de la flexion est aussi petit qu'on le peut faire sans fatiguer le métal, et aussi de manière qu'on puisse appliquer à l'intérieur et river facilement les pièces destinées à former les écarts de cette étrave, de la même manière que ceux de la quille (2).

L'étrave (8) se trouve toujours combinée avec une des quilles (2), (3), (4) et (5), et l'agencement du brion présente quelques difficultés. Il faut, d'une part, que le passage de la quille à l'étrave s'opère au moyen d'un ajustement net et solide, et, d'autre part, que la tôle du bordé, qui se lie par un joint à clin sur les lèvres de la quille, vienne arc-bouter contre la pièce de tôle formant étrave. C'est avec cette dernière que les tôles du bordé sont réunies, au moyen d'une longue bande placée, à l'intérieur, sur le joint, qui est ici la râblure d'étrave. Cette bande de tôle est, autant que possible, d'une seule pièce et porte deux lignes de rivets de chaque côté de la râblure. *Voy.*, planche (12), fig. (2), les détails d'un brion composé avec la quille (3) et l'étrave (8). Les étraves pleines reçoivent presque toujours des guibres en tôle; les étraves creuses, au contraire, se marient souvent avec des guibres en bois, comme nous le verrons bientôt, à l'article des guibres.

Des étambots.

De même que pour les étraves, il y a des étambots pleins et des étambots creux. Les étambots pleins, planche (2), fig. (9), s'écarvent avec les quilles (1), (2), (3) et (4), absolument comme les étraves pleines, au moyen d'un talon horizontal de 1 mètre environ, venu de forge avec la pièce qui forme l'étambot; ils sont saisis, dans toute leur hauteur, par les tôles du bordé, qui y sont rivées par deux lignes de rivets et qu'on laisse quelquefois un peu dépasser, de manière à accompagner l'eau jusque sur les faces du gouvernail.

Les étambots creux, fig. (10), se composent comme les étraves creuses fig. (8), avec cette différence que la tôle est pliée deux fois à angles droits, ce qui exige qu'elle soit de qualité supérieure : il est mieux d'en commander les pièces, pour faire exécuter les angles comme ceux des cornières. La liaison de ces étambots avec le bordé s'opère absolument de la même manière que pour l'étrave (8). Les étambots (10) se font avec des pièces de 2 mètres de long environ, écarvées comme celles des étraves (8) et des quilles (3), et sont destinés à aller toujours avec des quilles creuses. On peut voir, à la planche (13), la formation d'un talon d'étambot de ce genre. La face arrière de cet étambot est plate, à l'effet d'y appliquer ensuite une pièce de fer forgé, qui règne dans toute sa hauteur et qui est fixée, à l'extérieur, par des boulons fraisés, placés de 30 en 30 centimètres environ; cette pièce de fer est creusée en arc de cercle pour recevoir le gouvernail arrondi, qui s'en approche à 4 ou 5 millimètres. Les ferrures du gouvernail emboîtent le tout; elles ont un fort boulon sur la face latérale de l'étambot et deux sur les tôles, lesquels contribuent encore à relier cet ensemble. Quelquefois les étambots creux ne sont pas munis de la pièce en fer dont nous venons de parler; alors on les fait tout simplement en tôle arrondie, comme les étraves (8).

A bord des bâtiments en fer munis d'une hélice dans le plan diamétral, il y a deux étambots : le premier est traversé par l'arbre de l'hélice, et le second porte le bout de cet arbre, ainsi que le gouvernail. Une fois familiarisé avec les procédés usuels de la construction des bâtiments en fer, on trouve sans peine, pour ces deux étambots et le prolongement de la quille, diverses dispositions faciles à exécuter et présentant toute garantie de solidité; mais je n'ai encore vu, pour ce détail, à Londres, Liverpool et Glascow, que des projets ou des exemples sans importance sur de petits bâtiments; à Bristol, il y avait en construction *le Great-Britain*, dont l'arrière n'était pas encore achevé, en septembre dernier. Pour ce navire, le premier étambot est en fer plein et les flancs de la carène viennent s'y terminer de la manière ordinaire. La pièce de fer qui compose cet étambot porte un renflement dans lequel est percé le passage de l'arbre de l'hélice; c'est après avoir fini la carène, la voûte et toute la partie haute du navire à l'arrière, qu'on s'occupait de faire le prolongement de quille et de placer le second étambot qui, au-dessus et au-dessous de l'emplacement réservé au palier extérieur de l'hélice, sera en fer rond, servant ainsi lui-même d'axe de rotation au gouvernail. Ce gouvernail aura un tiers de sa surface en dedans de cet axe et les deux tiers en dehors. (Voir plus loin la description et les échantillons du *Great-Britain.*)

Voici, pour cette même partie du navire, un projet de dispositions différentes, qui m'a été communiqué en Angleterre : le bâtiment devait avoir une quille fig. (3) et un premier étambot fig. (10), sans renfort en fer forgé; la quille devait être prolongée au moyen d'un prisme, dont les deux tôles latérales et celles du dessous s'appliqueraient sur les côtés et sur le dessus de la quille du navire. Elles y seraient rivées, sur une longueur de 60 centimètres, et la tôle formant le dessus du prisme serait fixée par une forte cornière à la face arrière du premier étambot. Quant au second étambot, ce serait aussi un prisme en tôle muni, à l'arrière, du renfort en fer forgé. Le premier étambot aurait ses faces latérales assez écartées pour qu'on pût y passer facilement l'arbre de l'hélice. Le bâtiment étant trop fin à l'arrière pour permettre d'établir commodément un presse-étoupe dans l'étambot même, on se proposait d'adapter à cet étambot, autour de l'arbre, un manchon en tôle qui se prolongerait jusqu'à une partie de la cale plus accessible, et à l'extrémité de ce manchon s'établirait le presse-étoupe.

Je n'ai eu connaissance, pendant mon séjour en Angleterre, d'aucune installation pour enlever l'hélice à la mer; mais on conçoit qu'un cadre en fer, à coulisse entre les deux étambots, et portant à l'intérieur les deux paliers de l'hélice, puisse facilement se monter et se descendre, avec cette hélice, par un panneau pratiqué dans le faux pont. Divers moyens se présentent pour désembrayer l'arbre intérieur qui entraîne celui du propelleur; mais je n'insisterai pas davantage sur ce projet, dans un rapport où je me propose, surtout, de décrire ce que j'ai vu exécuté.

De la membrure.

Les membres des bâtiments en fer sont simples ou doubles, c'est-à-dire composés d'une seule cornière à côtés égaux ou inégaux, planche (3), fig. (1), ou de deux cornières adossées comme le représente la fig. (2). Quand on emploie des cornières à côtés inégaux, c'est toujours pour placer le plus long côté normalement à la muraille : on voit, fig. (1'), un écart de membre simple, et, fig. (2'), un écart de membre double. Les rivets liant ensemble ces deux cornières, qui forment un membre double, sont placés à 15 centimètres environ de distance les uns des autres (en arrondissant la mesure anglaise qui est de 6 en 6 pouces). Au lieu d'appliquer aussi l'un des côtés de la seconde cornière contre la tôle, on la renverse, afin que le couple présente plus de résistance à la flexion, car on obtient ainsi un assemblage dont le moment de la section, par rapport à son centre de figure, est plus considérable; de plus, la face que présente la seconde cornière, à l'intérieur, sert à fixer les vaigres et les bauquières, pour lesquelles il faut rapporter des pièces de cornières sur les membres, quand ils sont simples. Les cornières qui forment la membrure sont achetées aux maîtres de forges avec leurs côtés à angles droits, et c'est au chantier de construction qu'on leur donne l'équerrage voulu. Comme on préfère avoir des angles de cornières à ouvrir plutôt qu'à fermer davantage, on dispose les membres inversement à l'avant et à l'arrière; à l'avant, le côté de la cornière appliqué sur le bordé est opposé à l'étrave, et à l'arrière, ce même côté est opposé à l'étambot. Vers les extrémités, on dévoie les membres pour ne pas avoir des équerrages trop obtus.

Un membre simple, d'un plat-bord à l'autre, se compose de deux bouts de cornières écarvées au-dessus de la quille, ou de trois bouts, dont l'un croisant la quille. Un membre double, complet, se compose de cinq pièces de cornières, dont les écarts se croisent. Pour les grands bâtiments, les laminoirs ne produisant pas les cornières de longueur suffisante, on les soude dans l'atelier de construction.

Les membres doubles sont infiniment préférables aux membres simples pour obtenir des bâtiments d'une rigidité convenable; en effet, la cornière simple, qui aurait la même résistance à la flexion qu'un membre double, composé de deux cornières inversement adossées comme dans la fig. (2 , planche (3), devrait être d'un échantillon tel qu'elle aurait près de deux fois le poids du membre double de force égale.

La distance des membres entre eux est très-variable suivant la nature du bâtiment qu'on veut construire; cependant, pour les bâtiments de mer, on ne rencontre guère, au milieu du navire, moins de 0 mèt. 30 de distance, ni plus de 0 mèt. 50. Ces intervalles vont en augmentant graduellement vers les extrémités, où ils varient, d'un navire à l'autre, depuis 0 mèt. 40 jusqu'à 0 mèt. 90. Les membrures des bâtiments de mer exigent des cornières de 7 centimètres à 15 centimètres de côté; la face appliquée sur le bordé n'a pas plus de 9 centimètres de large pour les plus grands bâtiments.

Des varangues.

Dans les petits bâtiments légers, les varangues ne sont souvent que la continuation des membres sans aucun renfort; mais alors encore on est obligé, pour fixer la carlingue du bâtiment, d'appliquer contre la cornière simple formant le membre un bout de cornière renversée; celle-ci présente une face horizontale, où viennent s'écrouer, en dessous, les boulons qui tiennent la carlingue. Dans les bâtiments à vapeur munis de machines à balanciers, qui ont ordinairement cinq carlingues dans la chambre des machines, il faudrait cinq bouts de cornières renversées sur chaque membre; il vaut mieux en mettre une qui soit continue et qui occupe tout le fond du navire; alors on a la varangue la plus simple, représentée planche (3), fig. (3); elle est nécessaire pour fixer les carlingues et elle donne aussi de la force à la membrure dans les fonds, en la doublant, tandis que nous la supposons simple sur les côtés.

8

On obtient une varangue plus roide, en rivant d'abord contre le membre simple une tôle verticale, fig. (4), qui diminue graduellement de hauteur. Au can supérieur de cette tôle est fixée une cornière, qui vient ensuite se river sur le membre simple; cette cornière s'arrête un peu plus loin que la tôle de la varangue, ou bien double le membre dans toute sa hauteur.

Dans quelques bâtiments à vapeur, et seulement sous la partie des machines, on ajoute parfois à la varangue précédente deux autres cornières inverses, l'une au can supérieur de la tôle, l'autre rivée au bordé extérieur; ce qui donne alors pour section, à la varangue, le tracé de la fig. (5). Ces deux dernières cornières ne se prolongent jamais au delà du point où la tôle verticale a pour hauteur deux fois le côté d'une cornière, et on s'arrange pour que ce prolongement cesse un peu au delà des carlingues latérales des machines.

Les varangues acculées, à l'avant et à l'arrière, se font absolument comme les varangues (4), avec cette seule différence que la tôle verticale devient un triangle ayant beaucoup de hauteur et très-peu de base.

Du bordé extérieur et des proportions à suivre dans le rivetage.

Le bordé extérieur se compose de tôles dont les dimensions les plus ordinaires sont 2 mèt. 40 de longueur, sur 0 mèt. 60 de largeur, au maître couple; les tôles vont en se rétrécissant vers l'étrave et vers l'étambot. La règle approchée des constructeurs anglais consiste à faire varier les épaisseurs de bordé, entre bâtiments analogues, proportionnellement à une seule dimension, ou aux racines cubiques du produit de trois dimensions principales. Sur le même navire, elles vont ordinairement en diminuant depuis la quille jusqu'au plat-bord. Aux détails que j'ai donnés de quelques bâtiments, on trouvera des échantillons des diverses parties et on verra qu'on a employé, pour le flanc du même navire, des tôles dont les épaisseurs varient depuis 1 pouce jusqu'à trois huitièmes de pouce.

Une série de tôles placées bout à bout et réunies par des joints plats forme une virure continue, qui part de l'étrave et aboutit à l'étambot ou au contour du tableau. Dans les arrières ronds, les virures supérieures, jusqu'aux environs de la jaumière du gouvernail, se continuent d'un bord à l'autre parallèlement au plat-bord; les virures inférieures aboutissent, les unes à l'étambot, les autres au can de la dernière des virures continues.

Deux virures contiguës sont réunies entre elles, soit par un joint à clin, soit par un joint plat (ou à franc bord). Les joints à clin se font en superposant deux tôles contiguës et en les unissant par une ou deux lignes de rivets;

les joints plats, en appliquant à l'intérieur du navire une bande plane, sur laquelle les deux tôles à relier se fixent chacune par une seule ligne de rivets. Tous ces rivets se présentent par l'intérieur du navire et sont martelés du dehors, de manière que leurs têtes fraisées dans la tôle ne laissent aucune surface en saillie, qui nuirait à la marche. Les rivets fraisés ont, en outre, l'avantage que leurs têtes ne peuvent subir les progrès extérieurs de la rouille plus rapidement que la tôle elle-même, tandis que des rivets à têtes saillantes sont exposés à les perdre, quand la tôle n'est encore qu'à peine diminuée d'épaisseur par l'oxydation.

Les bandes intérieures appliquées sur les joints plats de deux virures sont faites de pièces aussi longues que possible, qui s'écarvent entre elles, soit en superposant les deux extrémités préalablement amincies en biseau, soit en les juxtaposant simplement bout à bout et en les recouvrant par une autre petite pièce intérieure. On prend soin d'alterner d'une virure à l'autre les joints des abouts des tôles, afin de ne pas avoir une section faible dans le bâtiment. Ordinairement ces joints se correspondent de deux en deux virures, et mieux vaudrait encore que ce fût seulement de trois en trois. Chez beaucoup de constructeurs, les bandes placées à l'intérieur, pour former les joints des abouts, viennent seulement arc-bouter contre les deux bandes des joints longitudinaux ; mais M. Laird, qui a particulièrement étudié ce genre de travaux, prend toujours le soin de faire remonter les bouts des petites bandes transversales sur les bandes longitudinales, de manière à saisir chaque extrémité des premières par deux rivets qui sont communs aux deux systèmes de joints : *voir* la planche (14). Cette disposition est nécessaire pour assurer un bon mattage près des angles des tôles ; elle a, en outre, le grand avantage de former de cet ensemble de bandes intérieures un réseau en fer continu, dont toutes les parties sont solidaires entre elles et constituent une nouvelle liaison pour le bâtiment, sans addition sensible de matière.

La série des bandes longitudinales empêche les membres de s'appliquer sur la tôle du bordé; c'est pourquoi on place sous chacun d'eux, entre les bandes longitudinales, de petites pièces de remplissage de la largeur du membre : ces pièces sont traversées par les trois ou quatre rivets, au plus, qui relient le membre à chaque feuille du bordé. Les rivets des bandes longitudinales sont fraisés aussi en dedans du navire, comme en dehors, dans tous les endroits où un membre doit s'appliquer : dans les parties où le bordé est à clin, la tôle touche la membrure par un de ses bords et s'en écarte par l'autre, ce qui conduit à donner, en ces endroits, la forme de coins aux pièces de remplissage.

Dans l'exécution des joints du bordé, l'espacement des rivets, en fonction de leur diamètre et de l'épaisseur de la tôle, est une chose fort importante et soumise à des règles précises. La planche (1) représente, en vraie grandeur, les proportions que j'ai vu généralement suivre en Angleterre.

L'espacement des rivets variable avec le nombre de leurs rangées parallèles y est respectivement le même pour le joint plat à deux lignes de rivets et pour le joint à clin à simple ligne, pour le joint plat à quatre lignes et pour le joint à clin à double ligne : cela tient à ce que, en réalité, un joint plat n'est autre chose qu'un joint à clin sur une tôle étroite, dont la partie visible est nulle en dehors ; ainsi la résistance qu'un joint plat présente à une force de traction est toujours égale à celle d'un joint à clin, qui n'exigerait que la moitié du nombre de rivets employés pour le joint plat. Ce dernier n'est préférable au joint à clin, dans le sens longitudinal, que lorsque les tôles sont exposées à résister à des compressions parallèles à leur plan ; car alors elles s'appuient l'une sur l'autre, sans fatiguer les rivets. Le joint à clin a l'avantage de ne pas exiger une coupe de tôles si précise ; il est aussi plus facile à matter.

C'est pour ces diverses raisons qu'on préfère les joints plats ou à francs bords dans la partie des œuvres mortes, où la muraille s'approche de la verticale, et les joints à clin pour les fonds du navire.

En se reportant aux proportions de rivetage de la planche (1), on voit que, pour une tôle d'une épaisseur égale à 1, on prend des rivets du diamètre 2, qu'on espace d'une distance 5 de centre en centre, de sorte qu'il reste pour intervalle 3 de tôle non coupée, sur une épaisseur 1 de tôle; c'est une surface résistante à la traction égale à 3 : or le rivet ayant pour diamètre 2, la surface de sa section est aussi sensiblement égale à 3. Il n'y a donc pas de raison pour que la tôle se déchire avant que les rivets s'arrachent, quand ce joint sera soumis à une traction suffisante. On voit aussi que, avec le joint à une ligne de rivets, la tôle n'a plus que les trois cinquièmes de sa force primitive pour résister à la traction.

Dans les joints à clin à deux lignes, chaque intervalle entre les trous de la première ligne devrait avoir la force de deux rivets, si les rivets des deux lignes travaillaient bien ensemble, ce qui, en supposant toujours la même épaisseur à la tôle et le même diamètre de rivets, porterait à 8 la distance des rivets de centre en centre. L'expérience paraît avoir consacré de n'en mettre que 7, ce qui est rationnel, parce que la seconde ligne ne fera tout son effet que quand la première sera déjà fatiguée. Le rivet enlevant une largeur de 2, la tôle conserve dans ce mode de joint les cinq septièmes de sa force primitive.

Il est à remarquer que, plus le rivet sera petit par rapport à l'épaisseur de la tôle, plus cette tôle sera affaiblie par les trous, qu'on sera obligé de rapprocher. En effet, si à une tôle d'une épaisseur 1 nous avions appliqué un joint à clin à simple rang de rivets, dont le diamètre serait seulement égal à 1, la surface de leur section n'eût été que de trois quarts ; l'intervalle entre deux trous de rivets n'eût dû, par conséquent, être que de trois quarts; la largeur découpée par le rivet eût été de 1; la force de la tôle n'eût donc plus été égale qu'aux trois septièmes de sa force primitive, au lieu de trois cinquièmes qui restaient avec des rivets d'un diamètre double.

En partant de ce principe de l'égalité de force entre les rivets et la tôle restante, établissons la formule générale de l'espacement des rivets pour un joint simple. En appelant E l'épaisseur de la tôle, D le diamètre du rivet qu'on adopte et L la distance de centre en centre, nous devons poser :

$$(L - D)E = \frac{\pi D^2}{4},$$

d'où l'on tire

$$L = D + \frac{\pi D^2}{4E}.$$

Le rapport de la force du joint à celle de la tôle primitive est égal à

$$\frac{L - D}{L}.$$

Or

$$\frac{L - D}{L} = \frac{1}{1 + \frac{4E}{\pi D}}.$$

Et on voit que plus D sera fort par rapport à E, plus le terme $\frac{4D}{\pi E}$ sera petit, et plus le rapport $\frac{L - D}{L}$ se rapprochera de l'unité.

Il faut donc employer des rivets de diamètre aussi grand que possible, tant qu'on ne sera pas arrêté par des considérations d'autre nature, telles que le mattage des intervalles qui s'accroissent avec le diamètre des rivets, et aussi la force des têtes fraisées, qui doit être en rapport avec la section du rivet. Cette dernière condition donne pour le diamètre des rivets une limite supérieure, dont il serait imprudent d'approcher et que nous allons établir de la manière suivante.

Un rivet, d'un diamètre D, étant fraisé dans une tôle de l'épaisseur E, il faut, même en supposant que le métal écrasé à coups de marteau n'ait rien perdu de sa force, qu'on ait la surface de section du rivet moindre que sa circonférence multipliée par l'épaisseur de la tête, qui est égale à celle de la tôle ;

d'où $$\frac{\pi D^2}{4} < \pi DE;$$

d'où $$D < 4E.$$

Il faudrait donc, même en ne supposant aucune altération dans le métal de la tête fraisée, limiter les diamètres des rivets à quatre fois l'épaisseur de la tôle; mais la condition d'un bon mattage des intervalles, condition qui ne peut guère s'exprimer dans le calcul, donne une limite plus rapprochée, et nous voyons, planche (1), qu'on se borne à des diamètres de rivets ayant deux fois l'épaisseur de la tôle. On trouve dans la même planche les épaisseurs des têtes de rivets et l'angle le plus convenable pour le cône de fraisure.

Pour plus de simplicité, je n'ai pas tenu compte dans les calculs ci-dessus de la diminution de force des intervalles, due à la fraisure des tôles; à la rigueur, il faudrait, pour ces rivets, les écarter un peu plus que ceux à tête saillante, mais ce serait une correction peu importante : on la néglige ordinairement en pratique.

Dans bien des cas, tels que celui d'un joint fait entre tôles d'épaisseurs différentes, il est impossible de satisfaire rigoureusement aux proportions indiquées dans cet article pour le rivetage; mais, toutefois, il ne faut jamais les perdre de vue, afin de ne pas trop s'en écarter. Lorsque le constructeur rencontre ainsi des conditions opposées, c'est à lui de juger quelles sont celles à sacrifier aux autres, ou bien encore quel terme moyen il convient d'adopter.

Des carlingues.

On emploie encore des carlingues en bois dans les bâtiments en fer; mais, le plus souvent, elles sont composées de tôles et de cornières.

Les carlingues en bois, dites carlingues du bâtiment, sont ordinairement fixées sur les faces horizontales des cornières supérieures des varangues au moyen de boulons arrêtés par un écrou sous la cornière; les autres carlingues en bois destinées à recevoir les boulons de base des machines s'attachent avec des pattes latérales en fer forgé : ces pattes saisissent la carlingue par deux boulons horizontaux, et sont retenues, d'autre part, par des boulons à écrou, sur les cornières des varangues. Les boulons de machines traversent ensuite verticalement la carlingue en bois et sont écroués en dessous; *voyez* planche (3), fig. (6). Quelquefois, au lieu de pattes latérales, on met deux tôles allant de bout en bout, puis deux cornières latérales rivées, d'une part, sur les tôles, de l'autre sur chaque varangue : il est clair que, pour la confection de cette carlingue, la pièce de bois s'introduit après coup entre les deux tôles verticales, avec lesquelles elle est ensuite boulonnée horizontalement.

Dans la même planche (3), la fig. (7) représente la section d'une carlingue toute en tôle, fermée par le haut et ouverte par le bas, ce qui permet de passer les boulons qui tiennent la machine et de les écrouer par-dessus. De distance en distance, afin de rendre ces carlingues creuses plus aptes à résister à un effort horizontal, on place dans leur vide intérieur des cloisons composées d'une cornière pliée deux fois à angle droit; elle sert à recevoir une pièce de tôle qui se rive sur la varangue et normalement aux faces intérieures de la carlingue. Cette dernière disposition de carlingues est très-usitée à Glascow, où l'on a la coutume de les prolonger bien au delà de la chambre des machines, en finissant par faire de cinq carlingues une seule carlingue centrale. A cet effet, on arrête deux faces de carlingues, chaque fois qu'elles se rencontrent, et on réduit ainsi successivement deux carlingues en une, jusqu'à ce qu'il ne reste plus que celle du centre. Au passage de ces carlingues à travers les cloisons, elles sont entourées de collerettes en cornières. Le prolongement des carlingues en bois, quand il a lieu, se fait en ligne droite jusqu'à la rencontre des façons de la carène. La fig. (8), planche (3), est la section d'une carlingue employée par M. Laird pour les bâtiments à voiles; il leur en met quelquefois deux latérales, outre celle du milieu.

Des cloisons transversales.

Parmi les détails de construction des bâtiments en fer, il est une disposition des plus avantageuses et qu'il convient de ne jamais négliger, c'est l'établissement de cloisons transversales en tôle; elles réalisent la double destination de contribuer à la liaison entre les murailles et de diviser la carène en parties indépendantes. On limite ainsi l'espace qui serait envahi par l'eau, si quelque avarie lui ouvrait un passage à travers le flanc du navire, et l'on est sûr que les divisions demeurées intactes suffiraient pour le faire flotter. Sur les bâtiments à voiles, il convient de mettre au moins trois de ces cloisons : deux vers les extrémités, à quelque distance de l'étrave et de l'étambot, et une vers la partie centrale du bâtiment. A bord d'un bâtiment à vapeur, le nombre habituel est de quatre; toujours les deux extrêmes destinées à parer aux avaries qui pourraient survenir, en cas d'échouage, à l'étrave ou à l'étambot, puis deux autres, dont l'intervalle contient l'espace réservé aux machines : parfois, aussi, on établit une cloison en arcade entre les chaudières et les machines. Quelques bâtiments ont jusqu'à six cloisons transversales. Les pompes de cale établies dans un seul des compartiments vont puiser l'eau dans les autres au moyen de tuyaux, qui traversent les cloisons et qui sont munis de robinets, qu'on ouvre et ferme à volonté; du reste, dans tout bâtiment en fer passablement construit, les pompes n'ont à enlever que l'eau mise volontairement dans la cale. Ordinairement toutes ces cloisons montent jusqu'au pont des gaillards; mais quelquefois, aussi, elles s'arrêtent à 40 ou 50 centimètres au-dessous, afin qu'il reste à l'air une circulation facile. Pour le service des ponts qui sont suffisamment élevés au-dessus de la flottaison, on pratique dans les cloisons des portes qui permettent de circuler sans passer continuellement par le pont des gaillards; mais, néanmoins, ces ouvertures sont destinées à pouvoir se fermer rapidement par des portes en tôle ou en bois; celles-ci sont maintenues par des lattes ou des boulons à clavettes, qui sont conservés à proximité et qui peuvent se mettre en place quand on prévoit un danger.

Ces cloisons étanches sont composées de tôles réunies par des joints à clin; elles sont saisies, sur tout leur contour, entre deux cornières formant membrure; celles-ci sont placées toutes deux de manière à avoir une face sur la tôle du bordé, auquel elles sont fixées par des rivets beaucoup plus rapprochés que ceux des membres ordinaires. Ainsi, des rivets de 2 centimètres de diamètre seraient placés à 9 centimètres de distance de centre en centre (*).

Les cornières de liaison des cloisons avec la muraille ne devant pas laisser passer l'eau entre elles et le bordé sont mattées sur tout leur contour; et, pour que ce travail soit plus parfait, M. Laird les façonne, à la forge, de manière à les appliquer sans bandes de remplissage, en leur faisant contourner toutes les sinuosités du bordé à clin et du bordé à bandes longitudinales (*voy*. pl. 10). Dans la plupart des autres chantiers d'Angleterre, ce détail est beaucoup moins soigné; on y fait quelquefois le mattage avec les bandes de remplissage, quelquefois même on emploie tout simplement du mastic qu'on chasse dans les joints.

Pour renforcer les cloisons étanches et les rendre capables de résister à la pression de l'eau, sans leur donner trop d'épaisseur, on les munit de cornières verticales placées moyennement à 1 mètre de distance d'axe en axe; ces cloisons sont, en outre, maintenues par les ponts et entre-ponts qui vont de l'une à l'autre : généralement aussi les cornières de renfort ne règnent que dans la cale.

(*) La règle anglaise suivie dans ce cas consiste à placer des rivets de 3/4 de pouce à 3 pouces 1/2 de distance de centre en centre. En mesure française, cela donne des rivets de 19 millimètres espacés de 88,9 mil.; or, pour une règle pratique, il est aussi exact et plus simple de prescrire des rivets de 2 centimètres à 9 centimètres de distance : j'ai arrondi ainsi les chiffres des proportions chaque fois que j'ai pu le faire en supprimant des quantités négligeables.

Des barrots des ponts et des grands baux des roues à aubes.

Pendant quelque temps, on a continué, dans les bâtiments en fer, à mettre les barrots des ponts en bois. C'est à bord des bâtiments à vapeur, pour la partie au-dessus des chaudières, qu'on a commencé à employer des barrots composés de tôle et cornières; puis leurs excellentes qualités, sous le rapport de la durée, de la force, de la légèreté et de la facilité de les relier solidement à la muraille en fer, ont rendu leur emploi général pour les ponts et entre-ponts des bâtiments en fer. Dans les récentes constructions de ce genre, les paquebots seuls ont encore reçu une partie de leurs barrots en bois pour le pont du gaillard d'arrière, au-dessus du salon des passagers; cela tient à ce que les barrots correspondent le plus souvent à un prolongement en bois des flancs du navire, et à ce qu'ils sont toujours plus ou moins ornés de sculptures. Tel est le barrotage du gaillard d'arrière de *la Princesse-Royale*, construite, à Glascow, en 1841; mais les derniers paquebots de la même localité, comme auparavant ceux de Liverpool, et le *Great-Britain*, à Bristol, ont tous leurs barrots en fer; seulement, ceux des salons sont recouverts de minces enveloppes en bois portant les ornements et sculptures.

On voit, planche (3), fig. (9), (10), (11) et (12), les sections des divers systèmes de barrots en fer employés pour les ponts et entre-ponts. Dans les trois modes d'assemblage (10), (11) et (12), les rivets qui fixent les cornières entre elles ou avec la tôle placée sur can sont espacés de 15 en 15 centimètres. Autant que possible, les tôles et cornières qui composent les barrots vont d'un bord à l'autre, en une seule pièce; cependant, on en rencontre qui sont écarvées; il y a même certains modes de liaisons des barrots avec la muraille qui admettent, à dessein, des écarts dans le barrot; c'est lorsque la cornière se replie au bout du barrot pour se fixer sur le bordé ou sur une vaigre en tôle par des rivets, dont l'axe est parallèle à la longueur du barrot. Si la cornière ainsi repliée à ses deux bouts allait, en une seule pièce, d'un bord à l'autre, les ouvriers seraient continuellement exposés à la tenir ou trop courte ou trop longue de quelques millimètres. Il faudrait faire de l'ajustage, et c'est ce que l'on doit éviter dans la construction d'un bâtiment en fer. Avec un écart qui ne se rive qu'après les extrémités, toute difficulté de ce genre disparaît; mais nous verrons, plus loin, des modes de liaisons de barrots avec le flanc du navire, qui n'exigent aucune précision dans la longueur des barrots et qui sont bien combinés sous tous les rapports.

Pour les grands baux des bâtiments à vapeur, on emploie ou l'assemblage fig. (14), pl. (3), qui n'est autre que le barrot (12) avec une tôle et des cornières plus fortes, ou bien celui représenté fig. (15) et dont les dimensions sont toujours assez grandes pour qu'un enfant puisse aller, dans l'intérieur, présenter les rivets, en s'introduisant par les extrémités, qui ne sont fermées qu'en dernier lieu par la mise en place des élongis extérieurs. Ce barrot est composé de cornières allant de bout en bout, et de tôles aussi longues que possible, réunies entre elles par des bandes placées à l'intérieur dans l'intervalle des deux cornières.

Prenons cette disposition comme premier exemple, pour comparer les poids des barrots en fer et en bois, à force égale.

La mesure du couple de flexion, auquel un prisme d'une matière et d'une forme quelconques est capable de résister, est donnée par la formule :

$$(*)\quad Pp = \frac{RA}{e},$$

Dans laquelle on désigne par

P et p la force et le bras de levier du couple de flexion ; R, la force capable de rompre par traction un prisme de la même matière, ayant pour section perpendiculaire à sa longueur l'unité de surface ;

A, l'intégrale des moments d'inertie de la figure de section de la pièce pris par rapport à une ligne passant par le centre de gravité de cette figure et perpendiculaire au plan de la flexion ;

e, la distance à cette même ligne de la fibre la plus éloignée.

Appliquons cette formule à un grand bau de la forme fig. (15), pl. (3), ayant 40 cent. de côté, 1 cent. d'épaisseur de tôle et 8 cent. de côté pour les quatre cornières qui sont dans les angles.

Considérons l'endroit le plus faible du bau, qui est celui où s'écarvent deux tôles de la surface horizontale, qui travaillent par traction. Les rivets n'ont plus laissé que les trois cinquièmes de la matière de la tôle dans ce joint ; mais, comme tous les écarts sont croisés, la tôle est entière pour les trois autres côtés de la section. Dans chaque cornière il faut ôter le métal pour deux trous de rivets ; tout étant compté, si l'on prend le centimètre pour unité, on a :

$$\frac{A}{e} = \frac{1}{e}\int v^2\, dA = 2688.$$

d'où

$$Pp = 2688\ R.$$

(*) J'ai conservé ici les notations usitées dans le cours de résistance des matériaux fait par M. Reech, à l'école d'application du génie maritime, à Lorient.

Puisque nous avons pris le centimètre pour unité, R sera la force capable de rompre par traction une barre de fer de 1 centimètre carré de section; et on sait que, pour le bon fer, cette force va jusqu'à 3,500 kilogr.

En pratique il ne faut jamais compter que sur une force beaucoup moindre ; dans les constructions fixes elles-mêmes il serait imprudent de calculer une pièce de fer destinée à un long usage, en prenant pour R un chiffre supérieur à 1,200 kilogr. Ce dernier chiffre étant admis permettrait de placer en porte à faux, au bout d'un bras de levier de 1 mètre, sur un grand bau pareil à celui que nous calculons, un poids donné par la formule suivante :

$$P \times 100 = 2{,}688 \times 1{,}200 \text{ kilogr.}$$

D'où

$P = 32{,}256$ kilogr.; au bout d'un bras de levier de 2 mètres on aurait

$$P' = 16{,}128 \text{ kilogr.}$$

Qu'on ajoute à cela l'effet des arcs-boutants et des tirants allant d'un bord à l'autre en guise de suspente, et on aurait là des grands baux largement proportionnés pour les roues les plus pesantes, avec des dimensions qui ne cesseraient pas d'être trés-modérées.

Voyons quel devrait être l'échantillon d'un grand bau en bois de chêne capable d'offrir la même force que le bau en fer qui vient d'être calculé ci-dessus.

Nous aurons toujours

$$Pp = \frac{R'A}{e}.$$

Supposons que la section de ce bau soit un carré ayant pour côté a :

Nous aurons

$$\frac{A}{e} = {}^1/_6\, a^3, \quad \text{d'où}$$

$$Pp = {}^1/_6\, a^3\, R',$$

R' étant la force capable de rompre par traction un prisme de bois de chêne, à fibres parallèles à sa longueur, et ayant 1 centimètre carré de section.

Pour le bau en fer de 40 centimètres de côté, nous avions :

$$Pp = 2688\ R.$$

Posons donc

$$ {}^1/_6\, a^3\, R' = 2688\ R, \quad \text{d'où}$$

$$a^3 = 6 \times 2688 \frac{R}{R'} = 16128 \frac{R}{R'}.$$

Sans nous inquiéter ici de la valeur absolue de R ni de R′, partons de ce fait que, dans la pratique, c'est une règle consacrée de ne compter la force de la fibre de bois de chêne que pour la dixième de celle du fer.

Nous aurons

$$\frac{R}{R'} = 10, \quad \text{d'où}$$

$a^3 = 161,280$, et $a = 45$ cent. 5; ce qui conduirait à donner au barrot en bois 55 centimètres de côté, et c'est déjà une difficulté que de se procurer des grands baux d'un pareil échantillon.

Comparons maintenant les poids de ces deux baux, l'un en fer, l'autre en bois, et capables d'une égale résistance.

La surface de la section du bau en fer, en supposant les rivets en place, est de. . . . . 2,24 centimètres carrés.

La densité du fer est de. 7,78

Il s'ensuit que

1 mètre de long de ce bau pèserait 174 kilogr.

La surface de la section du bau en bois de 55 centimètres de côté est de. . . . . 30,25 centimètres carrés.

La densité moyenne du bois de chêne est de. 0,90

1 mètre de long de ce bau pèserait donc 272 kilogr.

Le rapport du poids du bau en fer à celui du bau en bois est donc égal à 0,639.

Encore n'ai-je pas compté pour le bau en bois le surplus de poids qui résulterait de l'obligation où l'on serait probablement de le faire en deux ou trois pièces écarvées ensemble.

En faisant, pour tous les autres systèmes de barrots en fer que j'ai indiqués, des calculs analogues au précédent, on trouve toujours, à une exception près, que l'avantage est du côté du barrot en fer; mais il est d'autant moindre qu'il s'agit de barrots plus petits.

C'est ainsi que, en conservant le rapport $\frac{R}{R'} = 10$, on arrive aux conclusions suivantes :

1° Un grand bau en fer système fig. (14), ayant 30 centimètres de hauteur, 12 millimètres d'épaisseur pour la tôle verticale, et composé de cornières ayant 10 centimètres de côté sur 12 millimètres d'épaisseur moyenne, correspond, pour la force, à un grand bau carré en bois de chêne ayant 41 centim. de côté.

Le poids de 1 mètre de long du bau en fer serait de. . . .	99	kilogr.
Id. *id.* du bau en bois.	151	
Rapport des poids.	0,65	

2° Un barrot en fer, fig. (12), ayant 20 centimètres de hauteur, 1 centimètre d'épaisseur pour la tôle verticale, quatre cornières de 8 centimètres de côté sur 1 centimètre d'épaisseur, correspond, pour la force, à un barrot carré en bois de chêne, ayant 32 centimètres de côté.

Poids de 1 mètre de long du barrot en fer. . . . . 63 kilogr.
Id. *id.* du barrot en bois 92
Rapport des poids. 0,67

3° Le barrot fig. (11) qui, comparé au précédent, a seulement eu de moins les deux cornières du bas, ne correspond plus, pour la force, qu'à un barrot carré en bois de chêne de 19 centimètres de côté.

Poids de 1 mètre de long de ce barrot en fer . . . . 39 kilogr.
Id. *id.* du barrot en bois. 32
Rapport du poids du barrot en fer à celui du barrot en bois. 1,20

Ces chiffres montrent que ce dernier barrot en fer est mal combiné; en effet, les deux cornières étant placées au can supérieur de la tôle, sans qu'il y ait aucun renfort au can inférieur, il en résulte que le centre de figure est sensiblement rapproché de la partie supérieure; ce qui diminue beaucoup le bras de levier de résistance des fibres de métal composant les faces horizontales des cornières.

Ce barrot est pourtant très-communément employé en Angleterre, mais c'est évidemment à tort.

4° Si, dans le cas précédent, au lieu de mettre les deux cornières au can supérieur, on en mettait une au haut, l'autre au bas de la tôle, comme je l'ai indiqué dans la fig. (11), alors on trouve que le barrot en fer composé des trois mêmes pièces que le précédent correspondrait, pour la force, à un barrot en bois de chêne de 25 centimètres de côté.

Le poids de 1 mètre de long de ce barrot en fer serait de. . 39 kilogr.
Id. *id.* du barrot en bois. 56
Rapport du poids du barrot en fer à celui du barrot en bois. 0,73

L'avantage revient donc encore au barrot en fer.

5° Soit un barrot composé de deux cornières dont l'une renversée, comme dans la fig. (10). Si l'on donne à ces cornières 8 centimètres de côté horizontal et 12 centimètres sur l'autre face, et qu'on les rive de manière que le barrot ait, en tout, 16 centimètres de hauteur, ce barrot correspondra, pour la force, à un barrot carré en bois de chêne de 21 centimètres de côté.

Poids de 1 mètre du barrot en fer. . . . . 32 kilogr.
Id. *id.* du barrot en bois. 39
Rapport des poids. 0,82

6° Quant aux barrots en fer composés d'une simple cornière, à moins d'en faire le côté vertical de plus de 15 centimètres de haut, ils ne correspondent plus en force qu'à des barrots en bois de très-faibles dimensions et n'ont même plus sur eux l'avantage de la légèreté; mais ils conservent celui de la durée et d'une meilleure liaison avec la muraille.

Des élongis extérieurs des roues à aubes.

Avec les grands baux en fer on fait les élongis extérieurs, soit totalement en bois, soit en bois blindé de tôle, soit enfin totalement en fer. Les élongis en bois s'adaptent très-bien aux grands baux de la fig. (14), planche (3); on introduit leurs extrémités entre les cornières supérieures et inférieures du barrot; on les maintient ensuite par deux pièces de tôle qui, rivées sur les faces supérieures et inférieures des baux en fer, se prolongent et se boulonnent sur les faces horizontales de l'élongis. Ces élongis en bois ont, en outre, presque toujours par-dessous, une bande en fer qui est boulonnée verticalement avec eux et avec les baux en fer à leurs extrémités.

Les élongis en bois, qui sont renforcés à l'intérieur par des tôles rivées entre elles et boulonnées horizontalement avec les pièces de bois, se fixent aux grands baux en fer par deux cornières qui forment collerettes aux extrémités du bau et qui ont été rivées contre les tôles de l'élongis avant que les pièces de bois aient été fixées à ces tôles.

Les élongis entièrement en fer sont plus particulièrement usités par les constructeurs de Glascow. Ils se composent, fig. (13), planche (3), de tôles verticales réunies par une cornière à une tôle horizontale ayant moins de largeur et placée à l'intérieur du tambour; cette dernière tôle, en même temps qu'elle donne de la roideur à l'élongis dans le sens horizontal, est aussi destinée à recevoir le palier extérieur des roues; à cet effet, on place, de 90 en 90 centimètres environ, des cornières repliées à angle droit, dont le grand côté de l'angle s'applique sur la tôle verticale de l'élongis et le petit côté sur la tôle horizontale; contre les deux côtés de cet angle se rive un triangle en tôle vertical; on compose ainsi des élongis très-légers et capables de supporter des poids considérables.

Dans les dernières constructions en fer exécutées à Glascow, ces élongis en tôle se trouvent toujours associés aux grands baux en tôle creux, et voici comment on s'y prend pour les y fixer. Le grand bau étant encore ouvert par les deux extrémités, on rive autour de chacune d'elles une collerette en forte cornière, puis on présente l'élongis, dont la tôle verticale vient fermer les extrémités des grands baux, en se rivant sur la collerette extérieure, dont on les a précédemment munies.

Les élongis extérieurs des jardins se composent de la même manière que les grands élongis portant les paliers des roues, avec moins de hauteur que ces derniers et de moindres échantillons pour les matériaux.

Des élongis intérieurs.

Souvent au-dessus de toute la chambre des machines et presque toujours au-dessus de l'espace occupé par les chaudières on place deux grands élongis contenant entre eux, au centre du navire, un vaste panneau suffisant pour le passage des divers corps de la chaudière. Ces élongis règnent depuis le grand bau arrière jusqu'à la cloison arrière des chaudières; ils se composent d'une tôle placée sur can et repliée par les extrémités sur la face des baux où elle est rivée, puis les cans supérieurs et inférieurs de cette tôle sont armés de cornières qui se relient à celles des baux par un triangle en tôle. Des fractions de baux s'établissent ensuite entre ces élongis et la muraille et aussi dans l'intervalle des deux élongis, au centre du navire. C'est ordinairement sur la tôle verticale, qui forme ces élongis, que vient se river la cloison en tôle des soutes à charbon latérales.

De la liaison des barrots à la muraille.

On voit, pour ce détail, dans la planche (4), deux systèmes différents, les fig. (1) et (3); la première pour les barrots du pont des gaillards et la seconde pour ceux des ponts inférieurs indiquent le procédé suivi par M. Laird, dans ses dernières constructions. Les fig. (2) et (4) représentent ce qui se faisait auparavant plus communément et ce qui est encore la méthode usitée à Glascow pour les bâtiments en chantier chez M. Wingate et MM. Tod et Mac-Gregor. Qu'on se reporte aux planches (14) et (15) des détails de *la Guadalupe*, à la planche (16) relative à un trois-mâts-barque de M. Laird, puis enfin à la coupe du *Great-Britain*, planche (8), et on trouvera les détails des différents procédés qui m'ont paru dignes d'être cités parmi tous ceux employés maintenant en Angleterre, pour la liaison des barrots en fer des divers ponts avec les flancs du navire.

La méthode indiquée planche (4), fig. (1), s'applique surtout à des bâtiments qui n'ont pas d'allonges de plat-bord en bois; car autrement, pour passer ces allonges, on serait obligé de découper les deux tôles horizontales, qui au-dessus et au-dessous des barrots forment bauquières tout autour du bâtiment. La même méthode, fig. (3), appliquée à l'entre-pont, demande que les membres soient doubles, ou, s'ils sont simples, il faudra leur appliquer à tous un bout de cornière renversée à la hauteur des bauquières d'entre-pont.

Il est à remarquer que, avec ce mode de liaisons des barrots, leurs positions à tous les ponts sont indépendantes de la répartition des membres ; dans la méthode des fig. (2) et (4), au contraire, un barrot doit toujours correspondre à un membre, ce qui est quelquefois gênant pour la distribution des barrots.

Avec ce second procédé, les membres sur la face desquels se rivent les triangles en tôle qui tiennent lieu de courbes peuvent être indifféremment simples ou doubles ; quand le couple est double, le triangle en tôle s'introduit entre les deux cornières qui le composent et les rivets prennent les trois épaisseurs.

Les courbes en tôle ont l'inconvénient d'être gênantes dans l'entre-pont et dans la cale ; on s'est quelquefois plaint qu'elles avariaient les ballots de marchandises, et c'est pour parer à cet inconvénient qu'on fait quelquefois contourner sur leur rebord la cornière inférieure du barrot. Avec les bauquières en tôle des fig. (1) et (3), tout l'espace est complétement dégagé ; ces bauquières sont, en outre, une puissante liaison longitudinale et ajoutent beaucoup à la force du flanc du navire pour résister à un choc ou pression extérieure.

Les liaisons du pont supérieur de *la Guadalupe*, planche (14), sont de la même nature que celles indiquées planche (4), fig. (2), avec cette seule différence que la pièce de tôle, qui forme courbe, fait corps avec la tôle verticale du barrot, au lieu de lui être simplement rivée. Celle de l'entre-pont, planche (15), a, de même que celle de la fig. (3), planche (4), une bauquière horizontale par-dessous ; mais il n'y en a pas par-dessus, les deux cornières du barrot se repliant pour s'appliquer sur une vaigre en tôle, où elles sont rivées. Cette disposition est d'une exécution plus pénible et moins solide que celle de la planche (4), fig. (3).

Quant au procédé dont on trouve l'application dans *le Great-Britain*, il est d'une grande simplicité d'exécution, très - convenable pour les barrots qui consistent en une simple cornière et pour les membres simples ; mais le tirant en fer a l'inconvénient d'être gênant dans les entre-ponts et la suppression de toute bauquière est à regretter pour la force de la muraille du bâtiment.

Les bauquières ou ceintures sont d'une grande importance dans les cas d'abordages par le côté ; la nécessité de couper celles du pont des gaillards, pour le passage des montants en bois de la lisse d'appui, est une des raisons qui militent en faveur de la suppression totale de ces allonges.

Pour les grands baux des roues à aubes, la liaison avec la muraille qu'ils traversent se fait de la manière la plus simple; elle est la même pour les baux écossais, planche (4), fig. (6), et pour les baux de M. Laird, fig. (5); elle consiste à placer deux collerettes en cornières rivées sur le bau et sur la tôle du bordé : ces cornières sont mattées pour ne pas laisser passer l'eau. Pour le grand bau, fig. (5), on se dispense de faire contourner les cornières latérales du bau par cette collerette, en complétant le carré au moyen de deux pièces en bois, qui sont traversées horizontalement par deux ou trois boulons; on place ensuite sous chaque grand bau, comme dans les bâtiments en bois, un ou deux arcs-boutants en fer, qui viennent se river contre le flanc du navire, à la hauteur de la bauquière d'entrepont prolongée dans la chambre des machines. Les arcs-boutants soutiennent les grands baux, fig. (5), par la partie inférieure, tandis qu'ils s'appliquent latéralement contre les tôles des grands baux, fig. (6), à l'aide de quatre à cinq forts rivets; quelquefois on établit, en outre, des tirants en fer formant suspentes des grands baux, en fixant au-dessus des baux, contre la muraille, deux chandeliers en fer réunis entre eux, de tribord à bâbord, par un tirant horizontal qui va de tête en tête des chandeliers, et qui se dirige ensuite vers l'extrémité des baux, où il est solidement rivé : afin d'empêcher les mouvements de trépidation des chandeliers, on réunit encore leurs quatre sommets deux à deux, par des tirants en diagonale formant, au-dessus du pont, une croix de Saint-André.

Des épontilles.

On a fait, en Angleterre, beaucoup d'épontilles en fer rond massif; mais il est évident que, si ces épontilles ont l'avantage d'être moins encombrantes que celles en bois, elles ont d'un autre côté le désavantage, à poids égal, d'offrir une bien moins grande résistance à la compression. Lorsqu'on les a employées dans des cales dont le creux était un peu considérable, il est arrivé, presque toujours, qu'elles ont été faussées par la seule pression latérale des objets de chargement. Ces épontilles en fer s'opposeront toujours très-bien à l'éloignement des ponts, qui tendrait à se produire par des compressions latérales; mais les épontilles en bois tenues par des pattes en fer contre la carlingue et contre les barrots s'opposeront de même à ces éloignements et résisteront beaucoup mieux aux affaissements. Les épontilles en bois sont, de toutes les pièces employées dans la construction d'un navire, les moins exposées à la détérioration; et d'ailleurs, fût-elle plus rapide que celle des autres parties du bâtiment en fer, comme il n'est rien de plus facile à changer qu'une épontille, ce ne serait même pas là un inconvénient. Si on tenait à faire des épontilles en fer, je proposerais de les composer en tôle roulée en forme de tuyau, ou encore au moyen de quatre cornières adossées.

De la muraille du navire au-dessus du pont supérieur.

Pour le plus grand nombre des bâtiments en fer construits jusqu'à ce jour, cette portion de la muraille a été faite en bois ; M. Laird est encore le seul constructeur, en Angleterre, qui fasse cette portion en tôle ; il n'a même encore exécuté ainsi que deux bâtiments, le steamer *la Guadalupe* achevé en juin 1842 et un brick-pilote pour Calcutta, qui n'est pas encore achevé.

M. Laird a été amené à substituer la tôle au bois dans cette partie par les observations qui lui sont revenues de l'Inde sur la manière dont se comportaient les bâtiments en fer qu'il y a envoyés et dont les parties en bois seules ont un peu souffert.

Dans les planches des détails de *la Guadalupe*, on verra que M. Laird y a fait les pavois, au-dessus du pont des gaillards, fort peu élevés. Ils consistent en un prolongement de la tôle du bordé extérieur qui est munie, à son can supérieur, d'une cornière formant ceinture tout autour des bâtiments et sur laquelle s'applique un plat-bord en bois tenu par des boulons à écrou ; sur ce plat-bord s'établissent de petits chandeliers en fer amovibles, entre lesquels se tendent un filet de bastingage et une toile peinte, pour mettre le pont plus à l'abri des embruns. Ces chandeliers s'enlèvent en un clin d'œil, à l'avant et à l'arrière, quand on veut se servir des canons à pivot destinés à faire feu dans toute direction, par-dessus le plat-bord.

Si on voulait faire des pavois en tôle plus élevés, il conviendrait alors de les renforcer par une membrure intérieure; mais il serait défectueux de prolonger les membres de la muraille, qui doivent se terminer à la bauquière du pont des gaillards. Pour ne pas découper cette bauquière, il vaudrait mieux placer des bouts d'allonges faits en cornières recourbées à angle droit par le pied et rivées sur la tôle supérieure de cette bauquière; la gouttière en bois placée par-dessus cette tôle serait un peu plus épaisse que de coutume et entaillée pour le passage de ces allonges. Lorsqu'on adopte les pavois des gaillards en tôle pour les bâtiments à vapeur à roues, on fait de la même manière toute la face intérieure des tambours, en mettant du côté des roues les bandes des joints des tôles, ainsi que les cornières qui donnent de la roideur à cette cloison et qui descendent de 50 centimètres environ plus bas que le pont des gaillards. La cornière placée au can supérieur de la tôle formant le pavois tout autour du navire s'élève en contournant toute la face intérieure en tôle des tambours des roues. En évitant de pratiquer aucune ouverture dans cette cloison, il en résulte que le pont ne sera jamais mouillé par l'eau des roues, comme il arrive le plus souvent par les coutures des tambours en bois.

Quant aux pavois en bois, je n'en ai pas rencontré de plus soigné que celui fait par M. Laird, à bord d'un trois-mâts-barque de 280 tonneaux, qu'il venait de terminer, quand je suis arrivé à Liverpool (*voy.* planche 16). Cette disposition est des plus simples et produit une gouttière parfaitement étanche; mais elle a l'inconvenient inhérent aux allonges en bois d'interrompre, pour chacune d'elles, la tôle horizontale de la bauquière, en ne laissant que la cornière intacte. C'est pour éviter d'entailler cette cornière qu'on a soin d'écarter l'allonge en bois de la tôle du bordé au moyen d'une fourrure; quelquefois l'allonge et l'adent inférieurs sont d'un seul et même morceau de bois; mais cette disposition exige de plus forts échantillons et entraîne un déchet considérable, sans offrir aucun avantage de solidité.

Au lieu de boulons pour tenir les allonges en bois, on emploie quelquefois des bandes de tôle, qui les contournent et se rivent sur le bordé; mais ce procédé ne vaut pas celui des boulons à écrous, qu'on peut resserrer si le bois vient à se dessécher après sa mise en place.

Un mode de plat-bord tout à fait à part est celui employé pour la construction du *Great-Britain;* on le comprendra de suite en jetant les yeux sur la section de ce bâtiment, planche (8); c'est là un procédé applicable dans certains cas particuliers, mais que je ne crois pas de nature à être généralisé.

Des arrières.

Dans les bâtiments en fer, comme dans ceux en bois, on fait des arrières ronds ou des arrières carrés avec voûte et tableau.

Je n'ai vu d'arrières ronds que dans les constructions de M. Laird, quand elles ont la muraille en fer jusqu'à la lisse d'appui; l'arrière, alors, se fait absolument de la même manière que le reste du flanc du navire, en dévoyant peu à peu les membres jusqu'à les avoir dans un plan parallèle au plan diamétral; plus on arrive près de l'étambot, plus les parties inférieures des membres dévoyés se rapprochent, ce qui oblige d'en arrêter, au-dessous du faux pont, d'abord un sur deux, puis deux sur trois, jusqu'à ce qu'on arrive à ceux qui forment les faces des fenêtres de l'arrière et ceux qui doivent descendre un peu plus bas que la bauquière du faux pont : cette bauquière, ainsi que celle des gaillards, règne en tournant sans interruption de tribord à bâbord, et conserve toujours la section représentée dans les fig. (1) et (3), planche (4). La virure de tôle qui forme le pavois des gaillards se continue de la même manière que la bauquière qui lui est fixée, et la lisse du couronnement n'est autre chose que la continuation du plat-bord des côtés.

L'étambot se prolonge dans le faux pont jusqu'à venir se river contre un barrot du pont des gaillards; et à cet étambot est fixé un conduit en tôle formant jaunière, dont on peut voir la jonction avec la voûte, planche (13). Si on veut placer la barre du gouvernail sur le pont supérieur, ce conduit règne dans toute la hauteur de l'entre-pont; si, au contraire, on place la barre dans l'entre-pont, la jaunière s'arrête à la hauteur de la barre; celle-ci alors doit se reporter vers l'arrière ou se ramener vers l'avant, en lui faisant un coude qui lui permette toujours de prolonger l'étambot.

Les arrières carrés se font, soit tout en fer, soit en fer et en bois, de la manière indiquée à la planche (6). Dans l'un et l'autre système, les virures de tôle du bordé se continuent jusqu'au contour du tableau, de manière à composer une voûte qui se raccorde avec les côtés du bâtiment, sans former aucun angle analogue à celui qui se trouve à l'extrémité de la barre de hourdi, dans les bâtiments en bois. Les membres se continuent jusqu'à l'étambot et quelquefois ils sont dévoyés. Au lieu de la barre de hourdi, on place, à tribord et à bâbord de l'étambot toujours prolongé dans l'entre-pont, deux cornières dont un bout se relève verticalement pour se river sur la face latérale de l'étambot. Ces cornières s'appliquent ensuite sur la tôle qui forme la voûte, puis, en arrondissant, se relèvent verticalement sur chaque côté du navire, jusqu'à la hauteur de la bauquière du pont des gaillards. A la partie horizontale de cette cornière se rive ensuite une tôle placée sur can, et ayant pour hauteur la quantité dont la cornière est repliée le long de l'étambot, c'est-à-dire de 25 à 30 centimètres. Si le bâtiment est construit en membres doubles, celui-là est double comme les autres, ce qui se fait en plaçant au can supérieur de la tôle dont il vient d'être parlé une cornière renversée, qui se relève ensuite en accompagnant la première sur le côté du navire. Entre ce membre et le contour du tableau, on applique encore ordinairement deux bouts de cornières à tribord et à bâbord, sur les tôles des côtés; mais elles ne se prolongent pas sur la tôle de la voûte.

Il reste à fermer l'arrière au moyen du tableau, ce qui se fait tantôt avec des cornières et un revêtement en tôle, tantôt avec des jambettes en bois et un bordé de la même nature. Quand on veut faire toute cette partie en tôle, on ommence par garnir tout le contour du tableau d'une cornière façonnée de manière que, l'une de ses faces s'appliquant à l'intérieur sur la tôle de la voûte et du côté du navire, l'autre face soit située dans le plan du tableau; et c'est sur elle que viennent se river les tôles qui en font le revêtement et dans lesquelles sont découpées les fenêtres de l'arrière. A la hauteur du pont des gaillards, en suivant le bouge de ce pont, on applique sur le tableau en tôle une bauquière semblable à celles des côtés avec lesquelles elle va se relier; puis, dans l'intervalle des fenêtres, on les renforce au moyen de cornières simples ou accouplées comme le restant de la membrure. Ces cornières sont placées dans un plan parallèle au plan diamétral, et se prolongent sur la tôle de la voûte, jusqu'au dernier membre transversal tenant lieu de barre de hourdi.

Quand le tableau se fait en bois, on ne met pas de cornière sur les rebords de la tôle. A la place de cette cornière on applique, à l'intérieur, sur chaque côté du navire, une pièce de bois boulonnée avec la tôle; des jambettes placées dans un plan parallèle au plan diamétral se fixent sur la voûte par trois ou quatre boulons à écrous fraisés en dehors, sur le contour du tableau. Dans l'intervalle des jambettes se placent des entremises en bois boulonnées de même avec la tôle de la voûte; sur ces jambettes et cette série de pièces de bois qui contournent tout le tableau à l'intérieur s'appliquent les bordages du tableau. On le façonne alors comme ceux des bâtiments en bois, en le faisant un peu dépasser de chaque bord les flancs du navire, pour se raccorder avec les bouteilles, qui ne sont ordinairement que de fausses bouteilles en bois appliquées extérieurement sur le bordé en tôle. Pour l'aboutissement du pont contre le tableau, il n'y a rien à ajouter ici à ce qui se pratique dans les bâtiments en bois. Je rappellerai ici la coutume dont M. Laird ne s'écarte jamais, pour les combinaisons de bois et de fer dans ses constructions; elle consiste à ne pas appliquer une pièce de bois, en dedans ou en dehors, sur le bordé, sans avoir recouvert d'abord la tôle d'une bonne couche de peinture au minium; de plus, il interpose habituellement, entre le bois et le fer, du feutre bien imprégné de goudron.

On remarquera que, dans la composition de ces différents arrières, il n'y a aucune disposition analogue à celle des barres d'arcasse des bâtiments en bois. Quelquefois, pour consolider encore davantage la partie qui porte le gouvernail, on établit à l'intérieur, par-dessus les membres, dans la hauteur de la cale, un ou deux fourcats composés d'une cornière horizontale. Cette cornière est rivée contre les faces des couples doubles et elle a les deux côtés de l'angle réunis par un triangle en tôle, dont le sommet est à l'étambot. Les extrémités du faux pont, à l'arrière et à l'avant, se terminent aussi souvent par un triangle en tôle de ce genre régnant sous les bordages en bois et réunissant les bauquières des deux bords.

Des guibres.

Nous avons vu que l'étrave et le taille-mer se faisaient toujours ou en fer massif ou en tôle repliée jusqu'à une hauteur qui dépasse un peu la flottaison en charge. Mais, à partir de ce point, on leur adapte souvent encore une guibre en bois, quoique celles en tôle deviennent de jour en jour plus répandues et soient certainement bien préférables, tant pour la solidité que pour leur moindre poids.

Les étraves qui se terminent encore le plus souvent par des guibres en bois sont celles en tôle. On comprendra clairement la construction de ces guibres en se reportant à la planche (9), qui donne une coupe longitudinale de *la Guadalupe*, et à la planche (12), où l'on trouve, sur une plus grande échelle, le détail de la jonction de la guibre à l'étrave. On voit que le bâtiment est complétement formé par la tôle, et que cette guibre venant à être enlevée par un abordage, il ne doit point en résulter de voie d'eau. On remarquera aussi la facilité que cette disposition procure pour l'emplacement de la guibre, quand elle sera pourrie.

Les étraves en tôle ne se terminent pas toujours par une guibre additionnelle en bois. Quelquefois elles se continuent de manière à fournir le contour même de la guibre, qui devient alors en réalité un prolongement du bâtiment. Dans ce cas les lignes des sections horizontales qui passent par les œuvres mortes étant prolongées sur la guibre se trouvent légèrement concaves, sans avoir aucun angle à la partie où serait, dans un bâtiment en bois, la râblure d'étrave. L'entre-pont et le pont des gaillards se continuent dans l'intérieur de cette guibre, qui, du reste, n'en a plus que le nom et l'apparence extérieure. Tel est l'avant du brick-pilote que M. Laird construisait pour Calcutta, lorsque j'étais à Liverpool.

Il me reste à parler des guibres qui s'adaptent aux étraves en fer massif : ce sont celles qui constituent, avec ces étraves, les avants auxquels je donnerais maintenant la préférence. A la planche (5) se trouve une coupe par le plan diamétral d'un avant tel qu'on les construit maintenant à Glascow. On voit que l'étrave est composée d'une seule pièce de fer écarvée avec la quille et montant jusqu'au pont des gaillards; à l'endroit où la guibre se raccorde avec l'étrave, celle-ci est armée d'une pièce de fer soudée avec elle et formant le commencement du taille-mer, dont tout le complément, jusqu'à la figure du navire, est en une seule pièce de fer écarvée avec le morceau d'attente dont nous venons de parler (*).

Le bordé en tôle des flancs du navire vient se fixer par deux lignes de rivets sur l'étrave dans toute sa hauteur, puis se continue jusqu'à la pièce du taille-mer, sur laquelle il se relie par une seule ligne de rivets. On compose ainsi une guibre fort mince, qui a besoin d'être consolidée contre des efforts latéraux ; c'est ce que font les jottereaux et les lisses de herpe. Les deux revêtements en tôle distants seulement entre eux de l'épaisseur de l'étrave et du taille-mer laissent, à la partie supérieure, une ouverture qu'on ferme, en y introduisant un bordage qui va depuis la tête de l'étrave jusqu'à l'extrémité du taille-mer. Sur les deux faces de la guibre, en dehors, on applique deux pièces de bois qu'on boulonne ensemble horizontalement, à travers le tout. Ces deux pièces sont ensuite recouvertes par une troisième choisie de manière à former une courbe qui permette de la cheviller avec les apôtres, comme on le voit à la planche (5), et aussi avec les deux lisses appliquées sur la tôle de la guibre. C'est sur cette pièce de bois que se prennent les liures du beaupré. Le reste de l'établissement de la poulaine, avec les jambettes, les jottereaux et les lisses de herpe, se fait comme d'habitude. Toutes ces lisses, qui accompagnent la guibre en tôle, convergent vers son extrémité, pour se terminer en volute ou porter la figure du navire.

Pour les bâtiments qui ont le pavois supérieur en bois, la planche (5) montre comment on compose, à l'avant, un massif en bois au moyen d'allonges juxtaposées qui descendent à partir de la lisse d'appui et vont un peu au-dessous du faux pont. Avec ces allonges on cheville, à travers la tôle, les diverses pièces de bois qui entrent dans la composition de la guibre.

Lors même qu'on ferait le pavois supérieur en tôle, toute la composition de la guibre pourrait rester la même que celle de la fig. (5), et il serait toujours bon de mettre, à l'intérieur, le massif en bois qui concourt à renforcer la muraille et qui sert, à l'appui du beaupré, au chevillage des pièces de guibres et à l'établissement des écubiers.

Du bordé des ponts.

On continue à border en bois la majeure partie des ponts des bâtiments en fer ; cependant on applique aussi quelquefois la tôle aux ponts inférieurs.

(*) Comme le plus souvent l'ensemble de l'étrave et du taille-mer n'est ni d'un poids ni d'une dimension difficiles à manier, on pourrait les souder ensemble au lieu de les réunir par un écart; mais on se créerait des difficultés pour réparer la guibre dans le cas où elle aurait été faussée par un abordage.

On fabrique maintenant en Angleterre, pour l'usage des paquebots en fer, des tôles imprimées, qui sont munies de dessins comme les parquets en fonte des machines et qui ont sur eux l'avantage d'être moins pesantes et nullement fragiles. Ces bordés se font en réunissant les feuilles par des joints plats et les fixant aux barrots par des rivets présentés par-dessous et fraisés dans l'épaisseur du bordé.

Les bordés en bois, qui sont les seuls usités sur les ponts des gaillards, se fixent aux barrots soit au moyen de petits boulons présentés par-dessus le pont, enfoncés jusqu'à noyer leurs têtes d'un quart environ de l'épaisseur du bord et saisis par un écrou sous la cornière du barrot, soit au moyen de vis à bois introduites par-dessous jusqu'aux trois quarts de l'épaisseur du bois. Ce dernier procédé laisse complétement entière la surface supérieure du bordé, mais il ne procure pas une tenue aussi certaine. Dans quelques navires on rencontre l'un et l'autre procédé réunis, et les barrots à double cornière reçoivent un boulon d'un côté et une vis de l'autre. Les trous au-dessus des têtes des boulons sont, comme à l'ordinaire, remplis par des tampons en bois, qui se mettent en place bien imprégnés de blanc de céruse.

Afin de rendre le calfatage des ponts plus parfait, on a imaginé de réunir les bordages, en plaçant entre eux une languette en fer feuillard d'environ 2 millim. d'épaisseur, engagée à mi-épaisseur du bordage et ayant environ 5 cent. de largeur, de manière à s'embouveter de 2 cent. et demi de chaque côté. Les bordages sont aussi mis en place avec du blanc de céruse, et le calfatage trouvant un appui sur la languette en fer ne peut manquer d'être parfait; mais il est fort long et coûteux de travailler les ponts de cette manière, et ce procédé n'a encore été que rarement employé en Angleterre.

Par-dessus la ceinture ou bauquière en tôle des bâtiments en fer s'appliquent ordinairement une gouttière et une serre-gouttière faisant tout le tour du pont, chevillées ensemble horizontalement et boulonnées verticalement avec les barrots et la ceinture en tôle.

Entre cette ceinture en tôle et la gouttière on place du feutre gras, qui, comprimé par l'action des boulons à écrou, forme un calfatage parfait, capable de durer autant que la pièce de bois. Sur les flancs du navire ces pièces sont ordinairement en bois du nord, mais elles sont en chêne à l'avant et à l'arrière, c'est-à-dire aux endroits où le pont se contourne. On trouvera des exemples de ces gouttières aux planches (4), (14), (15) et (16).

Sous le bordé des ponts on établit aussi très-souvent plusieurs bandes en tôle composées de pièces rivées bout à bout, allant d'une extrémité à l'autre du navire et rivées sur chaque barrot. Voir le pont de *la Guadalupe*, planche (9). Quelquefois ces bandes de tôle forment deux séries diagonales croisant les barrots à 45 degrés, et allant se terminer sur les bauquières de chaque bord.

Ces tôles sont encore un puissant moyen de liaison pour le navire, et si on ne les employait pas dans toute la longueur du pont, elles seraient du moins très-bien placées au-dessus de la chambre des machines, dans la partie où l'entre-pont est interrompu, et où il ne reste plus du pont supérieur que quelques virures de bordage, entre les panneaux des bielles et sur les côtés.

Des panneaux et des étambrais des mâts.

Les panneaux se forment en plaçant d'abord, entre deux barrots, deux entremises composées comme les barrots, avec cette différence que, si ces derniers sont à doubles cornières, aux deux cans de la tôle verticale, l'entremise n'en a jamais que sur la face en dehors du panneau. Quelquefois on place un triangle en tôle aux angles extérieurs des entremises et des barrots. Sur le rectangle en fer ainsi formé s'appliquent les hiloires en bois qui se recouvrent à mi-bois aux quatre angles et qui sont tenues le plus souvent par un boulon vertical à chaque angle, un autre boulon au milieu de chaque hiloire et des équerres en fer à l'extérieur (*). Les barrots des panneaux sont ordinairement à doubles cornières au can supérieur, afin que les hiloires transversales, étant placées de manière à se boulonner sur l'une d'elles, l'autre serve à recevoir les abouts des bordages du pont. Lorsqu'il n'y a pas deux cornières au can supérieur des barrots, les bordages passent sous l'hiloire, et leurs bouts apparaissent à l'intérieur du panneau. Aux panneaux de fatigue les angles des hiloires sont souvent garnis intérieurement d'équerres en tôle, et quelquefois leur can supérieur est aussi recouvert en métal. On voit, par les exemples des planches (15) et (16), de quelle manière les entremises en tôle sont reliées aux barrots.

Le procédé qui m'a paru préférable pour former les étambrais des mâts est celui usité par M. Laird, et dont on trouve les détails à la planche (16). On voit que les barrots et les entremises sont munis, à leur can inférieur, de cornières tournées en dedans du panneau. Sur ces cornières repose un massif en bois, dans lequel le mât est destiné à être coincé; au can supérieur, toutes les cornières sont en dehors, pour permettre l'introduction de ce massif. Dans le cas où les barrots seraient à doubles cornières, on entaille l'une d'elles, à l'endroit de l'étambrai. L'affaiblissement qui en résulte se compense ensuite en

---

(*) Il faut éviter les boulons aux angles des hiloires des panneaux lorsqu'on veut les entourer de garde-corps portés sur des chandeliers.

recouvrant le massif d'une large tôle, rivée sur les cornières restées intactes dans le barrot; enfin on borde par-dessus le tout, comme à l'ordinaire.

Cette disposition est fort solide et commode à exécuter; elle offre la facilité de changer le massif en bois de l'étambrai, en délivrant seulement quelques bordages et la plaque de tôle placée par-dessus l'entaille de la cornière du barrot.

Des vaigres.

Au fond de la cale, dans les parties où l'on a souvent à charger et à décharger des objets divers, comme aussi au fond de certaines soutes, on établit un vaigrage jointif, soit en tôle mince, soit en bois. On fixe ce vaigrage sur la cornière supérieure des varangues, au moyen de rivets, s'il est en tôle; et, s'il est en bois, au moyen de boulons à écrou, comme le bordé des ponts. Sur le côté du navire, on place encore quelques vaigres, soit en tôle, soit en bois, mais en les espaçant toujours plus ou moins.

Dans les entre-ponts il n'y a le plus souvent aucune vaigre; quelquefois on en met une ou deux en tôle ou en bois.

M. Laird y place ordinairement, à mi-hauteur, tout autour du bâtiment, une ceinture composée d'une forte cornière.

Des tambours des roues.

A l'article de la formation du pavois au-dessus des gaillards, on a vu que, avec un pavois en tôle, la face intérieure des tambours des roues devait également s'exécuter en métal. J'ai dit aussi que souvent la tôle s'employait à la confection des élongis extérieurs. Telles sont jusqu'à présent les seules parties des tambours sur les bâtiments en fer qui ne soient pas identiques avec leurs analogues sur les bâtiments en bois. Après ce qui a été dit précédemment au sujet des divers modes d'assemblage du bois et du fer, il n'est pas besoin d'ajouter de quelle manière les cintres en bois se fixent sur le can supérieur de la face en tôle, et les montants de la face extérieure sur l'élongis en fer. Quand l'élongis extérieur est en bois, ainsi que le pavois des gaillards, les tambours des bâtiments en fer n'ont rien de particulier.

Des porte-haubans.

Quelquefois il n'y a pas, à proprement parler, de porte-haubans, lorsque les chaînes de haubans sont appliquées à plat sur la tôle du bordé extérieur, qu'elles y sont tenues par deux ou trois rivets et qu'elles s'introduisent dans le navire, au bas du pavois des gaillards, tout près de la gouttière.

Cette disposition fort simple est toujours praticable pour un bâtiment à vapeur, dont les haubans ne manquent jamais d'empature ; elle a seulement l'inconvénient d'être un peu gênante pour la circulation sur le pont.

Quand on veut faire passer les chaînes de haubans par-dessus la lisse d'appui, on établit un porte-haubans en bois, un peu au-dessous de la bauquière du pont; il est tenu sur la tôle de la muraille au moyen de boulons qu'on enfonce du dehors et qu'on saisit par des écrous à l'intérieur. Ces porte-haubans sont, en outre, soutenus par des arcs-boutants en fer comme ceux des bâtiments en bois.

Lorsque le plat-bord est très-bas, le porte-haubans n'a que peu de largeur, et alors on le taille en dessous, en forme de plan incliné, suivant la direction de la partie des chaînes de haubans qui vient se river sur la tôle du bordé.

Des bossoirs.

Les bossoirs se font et s'assujettissent absolument comme ceux des bâtiments en bois ; seulement, quand le haut du bâtiment est tout en fer, les contours de leur passage à travers le navire se garnissent de deux larges collerettes en cornière, l'une en dedans, l'autre en dehors ; et la pièce de bois du bossoir se boulonne avec ces collerettes : elle est soutenue en dehors, comme à l'ordinaire, par une courbe en bois fixée à la muraille par des boulons à écrou.

Des bittes, des guindeaux et des cabestans.

Tous les montants des bittes et des guindeaux que j'ai vus à bord des bâtiments en fer sont en bois; ils descendent jusqu'aux barrots de l'entre-pont ou jusqu'au fond de cale ; ils sont saisis entre les barrots par des entremises en bois et arc-boutés sur le pont par des courbes ou taquets en bois. Les montants et traversins de bittes sont garnis en fonte de fer comme d'habitude. Quant au choix de tel ou tel système de guindeau, il ne dépend pas du mode de construction du bâtiment. Si l'on veut établir un cabestan, il conviendra d'abord de construire entre les barrots en fer un massif en bois, retenu au pont comme les étambrais de mât ; le reste de l'installation s'achèvera comme à bord des bâtiments en bois.

Des écubiers.

Lorsque l'avant du navire est garni, à l'intérieur, d'un massif en bois qui s'étend, à quelque distance, à tribord et à bâbord de l'étrave, les écubiers sont percés dans ce massif, et c'est seulement au contour extérieur qu'on applique sur la tôle un autre massif en bois revêtu de fonte de fer. Lorsque la tôle du bordé est à nu vers l'intérieur du navire, les rebords des écubiers sont garnis en dehors et en dedans. Quelquefois, les écubiers étant percés dans une batterie inférieure, le guindeau n'en est pas moins sur le pont des gaillards ; alors les chaînes passent dans des tuyaux en tôle inclinés, rivés autour des écubiers et ayant leur ouverture sur le pont des gaillards, près du guindeau. L'établissement des linguets de toute sorte n'a rien de particulier à bord des bâtiments en fer.

Des dalots.

Les dalots presque généralement usités à bord des bâtiments en fer consistent en des tuyaux en tôle, qui descendent verticalement en dessous du bordage formant gouttière ; ils se recourbent, pour aller se fixer sur la tôle du bordé au moyen d'une collerette en cornière, un peu au-dessous de la bauquière des gaillards : *voy.* la planche (16). L'ouverture sur le pont est recouverte d'un petit grillage qui empêche d'y mettre le pied. Quand la muraille en fer s'arrête à la bauquière du pont des gaillards, on se contente quelquefois de tailler un plan incliné dans la pièce de bois formant plat-bord sur la bauquière en tôle.

Des sabords et des hublots.

Comme il n'a pas encore été fait de bâtiments en fer ayant des pièces en batterie, les sabords que j'ai vus n'étaient destinés qu'à donner du jour et de l'air dans les ponts inférieurs; leurs panneaux sont en bois, avec des pentures en fer rivées sur la tôle. Un cadre en bois appliqué autour de l'ouverture faite dans cette tôle porte la feuillure sur laquelle s'appliquent les rebords du panneau, qui sont garnis de frise; ce panneau est ensuite tenu fermé au moyen de l'un des procédés connus.

Quant aux hublots, ils sont toujours en métal, le plus souvent en bronze. Ils se composent d'un premier cadre rectangulaire, ayant en son centre une ouverture ronde ou carrée, dont les rebords sont ajustés comme ceux d'une soupape, ou bien garnis de liége solidement maintenu par des bandes en bronze. Une seconde pièce de bronze munie d'un verre lenticulaire est fixée, à charnière, sur la première et ferme parfaitement au moyen d'un boulon et d'un écrou à main. Après avoir pratiqué dans le bordé en tôle une ouverture de grandeur convenable, on applique le cadre du hublot en dehors, et on le fixe au moyen de boulons avec écrous en dedans. Le joint du cadre et du bordé est rendu étanche par du mastic de fer ou de minium.

Des gouvernails.

Les gouvernails sont aussi tout en fer et se distinguent en deux espèces principales : ceux à mèche creuse en tôle, et ceux à mèche en fer massif. Les premiers, toujours beaucoup plus épais que les seconds, sont particulièrement propres à s'adapter aux étambots en tôle, qui ont eux-mêmes assez d'épaisseur. La section d'un de ces gouvernails est représentée planche (17), fig. (1). Les ferrures du gouvernail, fixées à l'étambot de la manière indiquée planche (15), s'introduisent à l'intérieur des cavités découpées dans la tôle du gouvernail et garnies d'une pièce en fonte de fer ayant deux trous ronds correspondants à celui du femelot, et du même diamètre; une barre en fer rond s'introduit par le haut du gouvernail dans l'intérieur de la mèche creuse; elle passe dans tous les femelots et forme la charnière autour de laquelle pivote le gouvernail; son poids porte sur les pièces de fonte intérieures qui frottent sur les ferrures en fer forgé fixées au bâtiment. La fig. (2) de la planche (17) représente un gouvernail de la seconde espèce, avec mèche en fer massif. On voit que chaque aiguillot fait partie d'une pièce de fer formant membrure à l'intérieur du gouvernail; ces diverses pièces de fer ont leurs extrémités engagées sur les pièces voisines, avec lesquelles elles s'assemblent par un joint à mi-épaisseur. Les tôles rivées ensuite par-dessus le tout, des deux côtés de ces ferrures, achèvent d'en faire un ensemble parfaitement solide.

Ce gouvernail n'a qu'une faible épaisseur, condition indispensable pour s'adapter à un étambot en fer; il a aussi l'avantage que, s'il vient à se remplir d'eau par un joint mal matté, l'augmentation de poids qui en résulte est insignifiante : seulement la mèche en fer massif doit être beaucoup plus lourde que la mèche en fer roulé, pour offrir une égale résistance à la torsion.

On fait encore à Glascow, pour les petits bâtiments, une sorte de gouvernail, d'une exécution fort simple. On passe dans tous les femelots une barre en fer rond appuyée par le pied sur un talon venu de forge avec l'étambot; puis on rive sur les deux faces de cette barre des tôles qui forment un gouvernail. Quand il y a une avarie, il faut entrer dans un bassin ou éventer tout l'étambot par un abatage en carène. S'il avait besoin d'être changé, il faudrait le démolir sur place et le reconstruire de même. Cette disposition serait évidemment mauvaise pour des bâtiments destinés à faire de longues absences des ports.

Après avoir exposé les procédés généraux suivis pour la composition des différentes parties des bâtiments en fer, j'ai réuni ci-après des détails de quelques bâtiments en particulier, avec les échantillons des matériaux employés à chacun d'eux.

DÉTAILS DE CONSTRUCTION

ET

ÉCHANTILLONS DES MATÉRIAUX.

SPÉCIFICATION POUR LA CONSTRUCTION DU PAQUEBOT EN FER LE PRINCE OF WALES, CONSTRUIT A GREENOCK ET ACHEVÉ EN JUIN 1842 (*).

Dimensions principales.

Quille et élancement de l'étrave.	168 pieds angl.	51m,300
Largeur en dehors sur tôle.	24	7 ,330
Creux sur quille au pont supérieur.	14	4 ,270
Élévation du gaillard d'arrière au-dessus du pont.	2	0 ,610
Une double machine à clocher et à basse pression de la force de.	260 chevaux.	
Deux cylindres du diamètre de.	4 pieds 8 p. $\frac{1}{4}$	1 ,434
Une course de.	5 pieds 6 p.	1 ,572
Des roues du diamètre de.	24	7 ,330

Chaudières, avec dix foyers, et capables de fournir de la vapeur à une pression de 4 livres par pouce carré pour vingt-deux tours de roues par minute, avec un cinquième de détente.

Dispositions principales et échantillons des matériaux.

Quille. — Elle sera composée de barres de fer massif de 4 pouces et demi sur 1 et demi, et de pièces aussi longues que possible. Les écarts auront

(*) J'ai traduit ce document du texte anglais qui m'a été communiqué à Greenock, en ajoutant quelques développements dans les parties au sujet desquelles le laconisme du texte anglais m'avait obligé de demander des éclaircissements. J'ai laissé les mesures anglaises pour les échantillons, afin de conserver des chiffres ronds faciles à retenir.

9 pouces de long. Il y aura deux rangées de trous pour river les gabords repliés contre la quille.

Étrave et étambot. — En barres de fer de 6 pouces sur 2 et demi pour l'étrave, et de 4 pouces et demi sur 2 pouces et demi pour l'étambot, recourbées au pied, façonnées de manière à composer 3 pieds de la longueur de la quille, et s'écarvant avec elle.

Membrure. — Des fers d'angle ayant 3 pouces et demi sur 2 et demi, sur trois huitièmes d'épaisseur, placés à 20 pouces, de centre en centre, depuis le grand bau de l'avant jusqu'au milieu de l'espace des chaudières, et à 2 pieds de distance pour le reste.

Le couple tenant lieu de barre d'arcasse sera renforcé par une tôle de 10 pouces sur cinq seizièmes de pouce, allant d'une hanche à l'autre.

Tôles du revêtement extérieur. — La virure rivée à la quille aura 24 pouces de largeur et un demi d'épaisseur. Depuis cette virure jusqu'à la ligne d'eau de 2 pieds, l'épaisseur sera de sept seizièmes ; de là jusqu'à la ligne d'eau de 9 pieds, l'épaisseur sera de trois huitièmes ; ensuite jusqu'au platbord, cinq seizièmes. Construction à clin jusqu'à la ligne d'eau de 6 pieds et à franc-bord au-dessus ; rivets en fer de la meilleure qualité, deux rangées sur la quille, une seule au rebord des plaques. Pour relier les couples au revêtement, il y a un rivet sur chaque rebord de la tôle et deux vers le centre de la plaque.

Varangues. — Plaques en tôle de 12 pouces de haut sur cinq seizièmes d'épaisseur, rivées aux couples et munies, à leur rebord supérieur, d'un autre fer d'angle de 3 pouces sur 3, sur trois huitièmes.

Carlingues. — Trois carlingues de 12 pouces sur 12, faites en tôle de cinq seizièmes d'épaisseur, reliées par des fers d'angle de 3 pouces sur 3, sur trois huitièmes, dont deux pour relier la tôle horizontale aux deux verticales, et deux autres pour fixer les tôles verticales sur les varangues ; ces carlingues iront, de l'avant à l'arrière, aussi loin que possible, et sous les chaudières on placera des carlingues additionnelles en bois de pin.

Cloisons transversales. — Il y aura quatre cloisons étanches, dont l'une à l'avant, l'autre à l'arrière de la chambre des machines, allant des varangues au pont des gaillards, et composées de plaques de tôle d'un quart de pouce d'épaisseur. On établira une cloison en arche entre la machine et les chaudières. Toutes les cloisons en tôle seront renforcées avec des fers d'angle et rivées au couple par tout leur contour. Contre ces cloisons seront, en outre, appliquées des bandes diagonales en fer plat de 3 pouces de largeur sur cinq seizièmes d'épaisseur.

Bauquières. — Le pont supérieur, le pont du gaillard d'arrière et le second pont seront munis de bauquières régnant tout autour du bâtiment. Pour le pont supérieur et le gaillard d'arrière, ces bauquières seront composées d'un fer d'angle de 3 pouces un quart sur 3 et demi, sur trois huitièmes, rivé à la plaque extérieure, avec des trous de 4 en 4 pouces. Le long du rebord supérieur de cette plaque, une tôle de 18 pouces de largeur sur un quart d'épaisseur sera rivée à cette cornière et fixée sur chaque barrot par dix rivets. Au pont inférieur, cette tôle sera fixée aux couples par une cornière renversée.

Barrots et entremises des ponts. — Les barrots du pont auront 8 pouces de haut au milieu et iront en diminuant jusqu'à 6 aux extrémités; l'épaisseur de la tôle verticale sera cinq seizièmes : deux fers d'angle lui seront fixés au can supérieur avec des rivets de 6 en 6 pouces; ces fers d'angle auront des trous à la partie horizontale pour les vis du pont. Les barrots seront fixés par trois rivets aux couples, et par dix aux bauquières; ils auront pour courbes des plaques triangulaires de 18 pouces de côté, avec six rivets sur le barrot et autant sur le couple.

Les barrots du gaillard d'arrière et de l'entre-pont auront 6 pouces de haut sur huit seizièmes d'épais, et seront façonnés de la même manière que ceux du pont, sans plaques triangulaires pour le gaillard d'arrière.

Il y aura des entremises de la même force que les barrots pour former les panneaux et les étambrais, ainsi que devant et derrière les bittes. On placera, de deux en deux barrots, des épontilles en fer de 1 pouce et demi de diamètre, boulonnées par une patte sur la carlingue et rivées aux barrots.

Baux des roues. — Ils auront pour section un carré de 16 pouces de côté et seront composés de tôles de cinq seizièmes de pouce d'épaisseur, jointes aux quatre angles par des cornières de 3 sur 3, sur trois huitièmes. A l'avant et à l'arrière de l'espace des roues, ils seront reliés avec le flanc du navire et avec l'élongis extérieur par des tôles triangulaires d'un demi-pouce d'épaisseur et de 2 pieds et demi de côté. Les extrémités de ces baux seront soutenues par des arcs-boutants de 1 pouce trois quarts de diamètre et par des suspentes allant d'un bord à l'autre du navire, et appuyées sur des chandeliers de 2 pouces et demi de diamètre.

Élongis intérieurs entre les grands baux. — Composés de deux bandes de tôle de 18 pouces de large et trois huitièmes d'épais : l'une horizontale, l'autre verticale, ayant dans l'angle une cornière de 3 sur 3, sur trois huitièmes, et une autre pareille au can inférieur de la tôle verticale. Des triangles en tôle seront placés horizontalement aux angles de ces élongis et des grands baux.

Elongis extérieurs. — Ils seront en tôle de trois huitièmes de pouce d'épaisseur, avec des fers d'angle de 3 sur 3, sur trois huitièmes; ils seront reliés à l'extrémité des grands baux par un collier en cornière; ils s'élèveront en hauteur depuis le dessous des grands baux jusqu'au niveau de la lisse d'appui, et s'étendront en longueur à 4 pieds en avant et en arrière des grands baux : il y aura un fer d'angle au can supérieur et, tout le long de la partie inférieure, une tôle horizontale ayant 14 pouces de large au centre et 8 pouces aux extrémités. De 3 pieds en 3 pieds sera rivé, dans l'angle de ces deux tôles, un fer d'angle vertical muni d'un triangle.

Gouvernail. — Il sera tout en fer; la mèche aura 3 pouces et demi de diamètre, les plaques de tôle un quart de pouce d'épaisseur : il sera assujetti à l'étambot par deux ferrures en fer forgé, puis à la voûte et au pont par des ferrures en fer fondu, dans lesquelles passera la mèche elle-même. La jaumière sera un conduit en tôle et devra être parfaitement étanche; la barre sera en fer, la roue en bois d'acajou, avec des montants en bronze; la drosse en peau, les poulies et tout l'appareil complet seront proprement recouverts avec du bois : le gouvernail devra, en outre, être muni d'une barre franche facile à poser au besoin.

Soutes à charbon. — En tôle avec les portes et trous d'hommes complétés.

Guibre. — Elle aura un taille-mer en fer carré de 2 pouces et demi de côté, relié à l'étrave à 2 pieds au-dessous de la flottaison, et montant jusqu'à 18 pouces de la figure. Jusqu'à la hauteur des plus basses lisses de chaque côté, la guibre sera composée de tôles de cinq seizièmes de pouce d'épaisseur, assemblées à joints plats, tenues par deux rangs de rivets sur l'étrave et par un rang sur le taille-mer; la partie supérieure de la guibre sera en bois de 5 pouces d'épaisseur, descendant de 2 pieds entre les tôles. Les jottereaux et les lisses seront en chêne, avec des frises sculptées, ainsi que la figure du navire, qui sera comme les propriétaires la choisiront.

Allonges de plat-bord. — Elles seront placées à 4 pieds, de centre en centre; elles auront 6 pouces sur 5, s'élèveront de 4 pieds au-dessus du pont pour porter la lisse d'appui, descendront de 3 pieds au-dessous et seront assujetties au flanc du navire par trois boulons de trois quarts de pouce de diamètre. Il y aura quatre allonges des tambours en chêne anglais de 7 pouces sur 5, placées à environ 3 pieds de centre en centre; des fers d'angle de 8 pieds de long et de 4 pouces sur 4, sur un demi, seront rivés contre le flanc du bâtiment, vis-à-vis chaque allonge; ces fers d'angle s'étendront à 4 pieds au-dessus et 4 pieds au-dessous de la gouttière, et les allonges intérieures seront fixées contre eux avec des vis à bois de 4 pouces de long sur trois quarts de diamètre. Les lisses des tambours seront en ormeau de 5 pouces sur 4, et boulonnées aux deux extrémités, ainsi que sur chaque montant en chêne avec deux boulons de trois quarts de pouce de diamètre.

Voûte et tableau. — Les jambettes latérales seront en chêne de 8 pouces de côté, les jambettes intermédiaires auront 7 pouces sur 5, et seront à 3 pieds de distance. Ces pièces seront fixées aux tôles de la voûte et du flanc du navire par des boulons et écrous. Les bordages du tableau seront en sapin rouge de 2 pouces et demi d'épaisseur. La pièce du couronnement sera en bois dur, recouvert en métal.

Apôtres. — Ils seront en chêne de 5 pouces d'épaisseur, formant un massif de 3 pieds de large de chaque côté de l'étrave, descendront de 5 pieds sous le pont, et s'élèveront de 18 pouces au-dessus de la lisse d'accastillage.

Apôtureaux et bittons d'amarrage. — En chêne anglais et recouverts en fonte de fer pour ceux qui font le plus fréquent usage.

Gouttières et serre-gouttières. — Elles seront en bois de pin rouge. Pour le pont, la gouttière aura 10 pouces de large sur 4 pouces trois quarts d'épaisseur, et pour le gaillard d'arrière 10 pouces sur 4 et demi.

La serre-gouttière aura, pour le pont, 10 pouces sur 4 un quart, et pour le gaillard d'arrière, 9 sur 4. Ces deux pièces seront boulonnées ensemble, de 2 en 2 pieds, par des boulons rivés sur virole, et elles seront fixées en outre au flanc du navire par des boulons à écrous placés à 18 pouces de distance.

Bordages du pont. — En bois de pin jaune, ayant été scié au moins trois mois avant d'être employé pour le pont principal. Ces bordages auront 2 pouces trois quarts d'épaisseur sur 6 de large, et iront en se rétrécissant vers l'arrière; les coutures seront calfatées, puis mastiquées. Les bordages des faux ponts auront 6 sur 2 un quart, et seront à cannelures et languettes, puis assemblés avec du blanc de céruse; tous seront écrouis par-dessous avec des boulons dont la tête entrera dans le bordage d'un quart de pouce d'épaisseur.

Gaillard d'avant. — Il régnera jusqu'aux montants du guindeau. Les barrots seront en bois de pin rouge de 7 pouces sur 5. Les bauquières auront 8 pouces sur 6, les bordages 6 pouces sur 2 un quart, et seront cloués en cuivre.

Guindeau. — Il sera en chêne anglais, aura 16 pouces de diamètre au collet et sera muni de tout le mécanisme patenté au complet. Il y aura en outre un petit cabestan sur le gaillard d'avant.

Montants des pieds-de-biche. — En chêne anglais de 14 pouces sur 12, s'appuyant du pied sur la carlingue.

Montants du guindeau. — En chêne anglais de 14 pouces carrés, soigneusement assujettis au moyen de pièces placées devant ou derrière, entre les barrots, et par des courbes en bois de chêne anglais. Un bordage en chêne de 12 pouces sur 3, boulonné avec les barrots, régnera depuis l'avant du navire jusqu'au barrot derrière les montants des bittes.

Bossoirs. — En chêne anglais de 16 pouces carrés

Élongis extérieurs des jardins. — Ils seront en chêne anglais de 15 pouces sur 18, boulonnés à la muraille et aux tôles de l'élongis extérieur des tambours, chacun avec huit boulons de sept huitièmes de pouce de diamètre.

Entremises des jardins.—En ormeau de 12 pouces et demi sur 4, écartées de 3 pieds et recouvertes avec des bordages de 2 pouces et demi; au haut et au bas des élongis, il y aura de chaque bord deux ceintures en fer battu demi-rond, de 2 pouces et demi de large.

Panneaux. — Leurs hiloires seront en chêne de Quebec, de 5 pouces d'épais et de 10 pouces au-dessus du pont, armées de tôle sur le can supérieur; les mantelets des fermetures seront composés de planches en sapin jaune de 1 pouce d'épais, clouées sur des traverses en chêne de 3 pouces et demi sur 2 pouces et demi.

Vaigres de la cale. — Les vaigres du fond seront en bois dur de 2 pouces et demi d'épais, et placées à joindre. Les vaigres de côté seront en feuilles de tôle d'un seizième de pouce d'épais, les unes et les autres fixées aux couples au moyen de boulons à écrous.

Lisses d'accastillage. — Elles seront en ormeau ou en chêne de 10 pouces sur 3; la lisse du couronnement aura 10 pouces sur 3. La lisse du gaillard d'arrière sera recouverte avec du cuivre du n° 28 sur son rebord extérieur. On en placera de même en dedans, vis-à-vis les râteliers de manœuvres, près des échelles du bord et à l'appel des clans pour les manœuvres.

Bordages d'accastillage. — En bois de pin jaune; le premier, sous la lisse d'appui, aura 6 pouces sur 2. Au-dessous, l'épaisseur sera de 1 pouce et demi; sous le gaillard d'avant, il y aura un vaigrage de 1 pouce et demi d'épais.

Tambours des roues. — Ils seront recouverts avec des bordages en pin jaune de 1 pouce et demi d'épaisseur, embouvetés l'un dans l'autre avec du blanc de céruse dans les joints. Il y aura des marches sur les tambours. Un pont fait de bordages de 13 pouces sur 3 régnera d'un tambour à l'autre, et sera muni de mains courantes en fer. Il y aura un plancher de 2 pouces et demi d'épaisseur entre les tambours et le rouffle des machines, avec deux échelles à l'arrière et une à l'avant. Autour des tambours seront construites des cabines, dont une pour la timonerie, deux pour bouteilles et les autres pour couchettes d'officiers.

Rouffle des machines. — Il ira depuis la cheminée jusqu'à 4 pieds au delà du grand bau de l'avant. Deux cloisons transversales régneront devant et derrière le panneau des machines; on recouvrira de plomb la partie du pont sous la division arrière installée pour cuisine, et l'espace à l'avant des machines sera aménagé pour chambre du commandant, avec sofa, table, bureau, etc.; tout complet.

L'élévation de ce rouffle sera d'environ 7 pieds; la partie construite au-dessus des machines aura des fenêtres à glace, devant et derrière, avec des espagnolettes en cuivre. Le dessus des cabines des tambours et de celles du centre sera recouvert avec de la toile imperméable, dont les contours saisis sous des bandes de cuivre seront rendus parfaitement étanches.

Capots, claires-voies, habitacle. — Il y aura trois capots d'échelle avec gonds et serrures en cuivre pour les portes, et trois claires-voies vitrées tout à l'entour; l'une d'elles aura un jour au sommet avec un grillage en fil de laiton; les châssis des glaces et les charnières seront en cuivre. Au-dessus de l'une de ces claires-voies sera un habitacle avec une cloche; toutes ces dispositions de capots et de claires-voies seront conformes au dessin. Des hublots à charnière en fer seront placés conformément au plan, à l'avant et à l'arrière; ils seront munis, en outre, de verres lenticulaires maintenus dans des châssis en bronze; une vis et un écrou serviront à fermer ces hublots en dedans. Le pont sera muni de verres lenticulaires partout où il y en aura besoin. Les glaces pour les claires-voies et les capots d'échelles seront fournies par les propriétaires.

Gaillard d'avant et poste des maîtres.— Le gaillard d'avant sera installé pour les matelots avec armoires et caissons; le poste des maîtres avec une table, des bancs et une office.

Chambre des mécaniciens. — Il y aura, dans l'entre-pont, devant les machines, un carré pour y suspendre les hamacs des chauffeurs et contenant deux couchettes avec bureau et canapé pour les mécaniciens.

Pompes et objets divers. — On placera trois pompes à bras de 4 pouces de diamètre, avec le corps de pompe en cuivre et les tuyaux en plomb; elles seront munies de leurs brinqueballes. Il y aura 6 dalots en plomb; enfin une cloche avec le nom du bâtiment et les montants en fer fondu.

Les fausses bouteilles et sculptures du tableau seront bien finies. Les bouteilles auront des bandes de plomb sur les coutures, dans la partie en contact avec la muraille en bois; dans la partie restante, on placera du feutre gras entre le bois et la tôle. Il y aura des bancs se repliant autour du gaillard d'arrière; quatre défenses en bois avec des pitons à croc et des chaînes pour les suspendre le long des tambours; de chaque côté du navire, vis-à-vis le panneau pour les marchandises, seront placées des échelles avec plate-forme et main courante.

Bittes pour remorque. — Il y en aura deux de chaque bord, de 10 pouces sur 8, et garnies en fonte de fer.

Écubiers. — Deux devant et deux de chaque côté.

Embarcations. — Elles seront en cuivre, armant six avirons, munies chacune de leurs crocs de suspente, d'un gouvernail et de sa barre. Il y aura des chandeliers en fer en abord, et des tins pour recevoir les embarcations sur le pont.

Réservoirs d'eau. — Il y aura deux réservoirs en plomb aussi grands que possible pour les chambres du pont, et un en fer dans la cale, devant les machines, de la contenance de 500 gallons, avec une pompe sur le pont pour en faire monter l'eau.

Puits de chaînes. — Ils seront placés entre la machine et la cloison en tôle de l'avant, avec les passages des chaînes sur le pont.

Espars. — Les trois bas-mâts et le beaupré seront en bois de pin rouge, le reste en bois de la Baltique. Toutes les pièces de forge et de pouliage de la mâture seront en place, ainsi que tous les étais en fer de la cheminée; le bâtiment sera muni de ses chaînes de haubans; il y aura les plaques de tôle et les rouleaux nécessaires aux différents passages des chaînes ou grelins; enfin les haubans et sous-barbes de beaupré, le tout conforme au plan.

Peinture. — On donnera deux couches de minium sur le fer, et de peinture grise sur le bois en dedans et en dehors, ensuite une autre couche en dehors, de la couleur que la compagnie choisira; on dorera les sculptures du tableau et de la guibre. Le nom du bâtiment sera en relief et lettres dorées.

Tous les matériaux employés devront être de la meilleure qualité; les bois exempts d'aubier, de pourriture, gerçures et autres défauts; le constructeur se chargera de percer, dans le fer, tous les trous dont on aura besoin ensuite pour assujettir la menuiserie intérieure.

Paquebot à vapeur de 220 *chevaux, en construction au chantier de M. Wingate, à Glascow, en août* 1842 (*).

Dimensions principales.

Longueur, à la flottaison.	168 p. » p.	51 m,24
Largeur, au maître.	28 »	8 ,34
Creux sur quille, au pont des gaillards. . .	16 »	4 ,88

(*) *Nota.* Pour ce bâtiment et les suivants, les dimensions principales m'ont été fournies par les constructeurs; et pour les détails, je cite ce que j'ai moi-même vu et mesuré à bord.

Tirant d'eau calculé avec charbon, passagers et marchandises à bord.	8 P. 6 p.	2m,39
Déplacement, à ce tirant d'eau.	760 tonneaux.	
Poids de la coque achevée { fer. . . . . . . 155 ; bois. . . . . 50 }	205	

Machines à clocher ayant la partie supérieure du bâti, au-dessus de l'entablement qui porte les arbres, composée en cornières et fer forgé.

Quille. — En fer massif ayant 17 cent. de haut et 75 millim. d'épaisseur; les pièces ont de 3 à 4 mètres de long, et sont réunies par des écarts verticaux employant quatre rivets.

Étrave et étambot. — Chacun en une seule pièce de fer massif de même section que la quille, seulement en trapèze pour l'étrave. Ces pièces se replient de manière à former 3 pieds de la longueur de quille en s'écarvant avec elle. L'étambot est armé, à la partie inférieure, d'un talon sur lequel portera la mèche en fer du gouvernail. La guibre est du système indiqué à la planche (5).

Les membres sont simples à partir des extrémités des varangues; ils sont espacés de 55 cent. au milieu du navire, et de 80 cent. vers les extrémités; ils sont en fer d'angle de 9 cent. de côté sur 1 d'épaisseur moyenne, liés aux tôles du bordé par trois rivets sur chaque feuille. Quelques membres sont dévoyés à l'avant, aucun à l'arrière qui est carré et construit de la manière détaillée à l'article particulier aux arrières carrés, et dessinée à la planche (6). Le couple tenant lieu de barre d'arcasse est renforcé par une tôle de 25 cent. de haut sur 9 millim. d'épaisseur.

Varangues. — Elles sont composées d'une tôle verticale de 9 millim. d'épaisseur, tenue à la cornière qui forme le membre par des rivets placés de 15 en 15 cent., et munie, au can supérieur, d'une cornière renversée de section égale à celle des membres, se prolongeant environ 40 cent. plus loin que la tôle. Au centre du bâtiment, les varangues ont 30 cent. de haut et le dessus est horizontal; elles ont plus de hauteur à l'avant et à l'arrière.

Carlingues du bâtiment et carlingues des machines. — Les carlingues du bâtiment sont composées d'une série de tôles interrompues, placées parallèlement au plan diamétral, entre les varangues auxquelles elles sont rivées par des fers d'angle; il y a deux lignes de ce genre de chaque bord. Ces tôles ont 9 millim. d'épaisseur et les cornières 8 cent. de côté.

Les carlingues des machines destinées à régner par-dessus les varangues n'étaient pas encore faites, quand j'ai vu ce bâtiment. Elles devaient aussi être en tôle et formées comme je l'ai indiqué, à l'article particulier aux carlingues.

Bordé extérieur. — Les feuilles de tôle ont, au maître, 60 centimètres de large, et vont en se rétrécissant vers les extrémités; elles ont partout environ 2 mèt. 50 de long; leur épaisseur est de 12 millimètres dans les fonds, de 10 vers la flottaison, et de 8 près du plat-bord. Les joints longitudinaux sont à clin dans les œuvres vives, avec deux lignes de rivets; à franc-bord dans les œuvres mortes, avec seulement une ligne de rivets sur chaque tôle : les gabords se replient sur les faces latérales de la quille, et y sont fixés par deux lignes de rivets, comme les abouts des tôles sur l'étrave et l'étambot. Le bordé en tôle s'arrête au pont des gaillards.

Barrots. — Ils sont partout composés d'un simple fer d'angle ayant 7 centimètres et demi de côté horizontal et 15 centimètres de côté vertical, 12 millimètres d'épaisseur moyenne.

Liaison des barrots avec la muraille. — Pour le pont des gaillards, la tôle du bordé extérieur se termine par une cornière intérieure de 9 centimètres de côté, sur laquelle est rivée une ceinture en tôle qui forme le tour du navire; elle a 40 centimètres de large et 9 millimètres d'épais. Sous cette bauquière ou ceinture, tous les barrots sont fixés par cinq rivets; en outre, chacun d'eux correspond à un membre, et ils sont placés de manière que leur face plate soit en regard, de sorte qu'on a la facilité de river sur ces deux faces un triangle en tôle ayant 40 centimètres de côté, 9 millimètres d'épaisseur, et tenu par cinq rivets sur le membre et cinq sur la face verticale du barrot.

Pour l'entre-pont, on a rivé un bout de cornière renversée sur chaque membre, de manière à en faire, dans cette partie du bâtiment, un membre double : sur chacun de ces bouts est rivée une bauquière composée d'une cornière de 10 centimètres, ayant son côté vertical par en haut. Les barrots y sont fixés, par-dessous, par deux rivets et consolidés, en outre, chacun par un triangle en tôle, comme pour le pont des gaillards.

Grands baux. — Ils sont en tôle et à section carrée comme dans la fig. (15), pl. (3). Les tôles ont 9 millimètres d'épaisseur; les cornières des angles 8 centimètres de côté. Le barrot a 40 centimètres.

Élongis extérieurs et jardins des tambours. — Les grands élongis sont en tôle de 12 millimètres, et cornières de 9 centimètres de côté, façonnés comme je l'ai indiqué à l'article des élongis en tôle. *Voyez* aussi fig. (13), pl. (3).

A l'avant et à l'arrière des grands baux, ils se continuent toujours en tôle jusqu'à se relier avec le flanc du navire. Les barrots des jardins sont comme les grands baux, moins la face de dessous, qui reste ouverte; ils se relient au bordé et à l'élongis des jardins par des collerettes en cornières.

Cloisons transversales en tôle. — Il y en a quatre; elles sont en tôle de 7 millimètres, tenues au flanc du navire par des cornières de 9 centimètres de côté, et des rivets de 18 millimètres de diamètre, espacés de 5 en 5 centimètres.

Allonges de plat-bord. — Elles descendent de 90 centimètres au-dessous de la bauquière des gaillards et sont fixées à la muraille par trois boulons à écrous de 22 millimètres de diamètre; elles s'élèvent à 1 mèt. 22 au-dessus du pont; elles ont 17 centimètres sur le droit, 15 sur le tour, et sous le pont sont écartées du bordé extérieur par une fourrure de 9 centimètres d'épais, afin de leur faire éviter la cornière qui relie la bauquière en tôle au bordé extérieur.

Bordages des ponts. — Ils sont en bois du Nord, de 70 millimètres d'épais pour le pont supérieur, et 55 pour le faux pont, tenus par des boulons à écrous de 11 millimètres de diamètre.

La Princesse-Royale, *de 390 chevaux, paquebot de Liverpool à Glascow, construit, en 1841, par MM. Tod et Mac-Gregor, à Glascow.*

Dimensions principales.

Longueur entre perpendiculaires, à la flottaison.	189 p.	7 p.	57m,84
Largeur, au maître, sur tôle.	28	»	8 ,54
Creux, sur quille.	18	6	5 ,64
Tirant d'eau, en charge.	8	4 1/2	2 ,56
Déplacement, à ce tirant d'eau.	845 tonneaux.		

Machines à clocher à basse pression.

Deux cylindres, du diamètre de. .	6 p.	1 p. 1/2	1m,87
Course.	6	3	1 ,91
Diamètre des roues.	29	6	8 ,99
Longueur des aubes.	7	3	2 ,21
Nombre de tours de roue par minute, en temps calme, à toute vitesse.	17 tours 1/2.		
Vitesse d'un bâtiment dans ces circonstances.	13 nœuds.		
Dépense moyenne de charbon par heure.	1 tonneau 1/2.		

BIBLIOTHÈQUE ROYALE

Échantillons des parties principales.

Quille, étambot, étrave. — Ils sont en fer massif de 17 centimètres sur 7. La dimension de l'étrave, sur le tour, est un peu plus forte au brion et va en diminuant dans la partie haute. Le taille-mer s'écarve à l'étrave, près de la flottaison, et s'élève jusqu'à la figure du navire; il a, en bas, 12 centimètres sur 5; en haut, 8 centimètres sur 3 et demi.

Membrure. — Les membres sont simples, composés de cornières de 9 centimètres de côté sur 1 d'épaisseur moyenne; ils sont distants de 50 centimètres au centre du navire et de 70 aux extrémités.

Bordé. — Il est en tôle de 12 millimètres dans les fonds, diminuant jusqu'à 9 millimètres près du plat-bord; à clin dans les œuvres vives, à franc-bord dans les hauts. Le bordé en tôle s'arrête au pont des gaillards.

Barrots. — Ceux au-dessus de la chambre des machines sont en fer et composés d'une tôle de 19 centimètres de haut sur 9 millimètres d'épais, avec deux cornières de 8 centimètres au can supérieur. Les barrots des autres parties sont en bois, et aussi les grands baux et les élongis extérieurs.

Le bâtiment, dans tout son ensemble, est très-légèrement construit, et, contrairement à ce qui arrive pour les bâtiments en fer bien reliés, l'action des aubes y produit une trépidation considérable.

Le Troubadour, *de 220 chevaux, paquebot de Liverpool à Bristol, construit, à Liverpool, en 1841, par MM. Vernon et compagnie.*

Dimensions principales.

Longueur, sur le pont	186 p.	» p.	56m,73
Largeur, au maître	26	6	8 ,08
Creux, sur quille	14	8	4 ,49
Tirant d'eau, avec 150 tonneaux de charbon et 100 tonneaux de marchandises...	8	6	2 ,39

Machines à basse pression et à balancier, de M. Forrester.

Deux cylindres, du diamètre de . .	4 p.	9 p.	1m,447
Course..	5	6	1 ,675
Diamètre des roues.	23	»	7 ,010
Nombre de tours par minute, en calme. .			22 tours.
Vitesse du bâtiment.			10 nœuds 1/2.

Échantillons.

Quille et étrave.— En tôle de 15 millimètres d'épaisseur. Sur l'étrave, un peu en dessus de la flottaison, est adaptée une guibre en bois, dans un système analogue à celui de M. Laird.

Étambot. — En fer massif de 15 centimètres sur 8.

Membrure. — Les membres sont simples à partir des varangues, et composés de cornières de 9 centimètres de côté sur 12 millimètres d'épaisseur moyenne ; dans la chambre des machines, ils sont distants de 30 centimètres d'axe en axe ; au delà, en avant et en arrière, cette distance est de 38 centimètres ; puis elle est de 50 centimètres, tout à fait aux extrémités.

Varangues. — Les varangues se composent d'une tôle verticale de 7 millimètres d'épaisseur, rivée à la cornière qui forme le membre et armée, à son can supérieur, d'une autre cornière renversée égale à la première, se prolongeant un peu au delà de la tôle, de manière à doubler le membre simple sur une longueur de 50 à 60 centimètres. Dans la chambre des machines, les varangues ont 26 centimètres de haut, au milieu : à l'avant et à l'arrière, la tôle formant varangue est un triangle qui a jusqu'à 1 mètre de haut.

Bordé extérieur. — Les gabords ont, comme la tôle de quille, 15 millim. d'épais; de là jusqu'à la flottaison, le bordé a 12 millim., puis ensuite, jusqu'au pont des gaillards, 9 millim. Il y a, à partir de la quille, huit virures à clin avec deux rangs de rivets; le reste, jusqu'au pont, est à franc-bord.

Des barrots. — Les barrots sont en bois pour la partie du pont du gaillard arrière, au-dessus des cabines; les grands baux sont aussi en bois, blindés de tôle sur les faces verticales. Tous les autres barrots du pont et de l'entre-pont sont en fer, composés d'une tôle verticale de 20 cent. de haut et 6 millim. d'épais, munie au can supérieur de deux cornières de 8 cent. de côté, tenues par des rivets de 15 en 15 centimètres. Dans la partie ventrale du navire il y a un barrot par cinq couples.

Liaison des barrots avec la muraille. — Le revêtement extérieur est toujours terminé par une cornière qui forme tout le tour du bâtiment, à l'intérieur ; mais, sur *le Troubadour*, on n'a pas mis, comme à bord des autres bâtiments dont j'ai parlé précédemment, une longue tôle horizontale rivée à cette cornière et avec tous les barrots qu'elle relie à la muraille.

Dans ce bâtiment, une des cornières qui sont au can supérieur du barrot se replie par en bas, à angle droit, pour s'appliquer sur la face plate du membre correspondant au barrot, et s'y fixe par quatre rivets ; l'autre face de cette même cornière s'applique en même temps sur le bordé, et se fixe aussi par quatre rivets ; puis on a fait usage du triangle en tôle, ayant un côté rivé sur la tôle du barrot, et l'autre sur le membre.

On regrette, dans cette combinaison, l'absence de la bauquière horizontale, qui, en même temps qu'elle relie les barrots, donne beaucoup de force au côté du navire. C'est aussi un inconvénient pour l'exécution que d'être obligé de plier les deux bouts du barrot, de manière qu'il soit exactement de la longueur comprise dans l'intervalle, entre le bordé des deux bords; il est rare qu'on puisse river des deux côtés, sans mettre quelque remplissage en tôle, ou sans présenter plusieurs fois le barrot pour le refouler ou le rallonger. Pour le faux pont, la liaison est la même que ci-dessus; mais il y a, en plus, une cornière renversée formant banquière par-dessus les barrots, rivée à chacun d'eux par un côté, et par l'autre à des bouts de cornières renversées, fixés à chaque membre. Pour les deux ponts, il y a, de deux en deux barrots, une épontille en fer rond du diamètre de 7 cent., excepté dans le salon des passagers où les barrots sont en bois.

Vaigrage. — Il n'y a pas de vaigre de côté, excepté dans la chambre des machines, à la hauteur de l'entre-pont, une seule virure en tôle de 22 cent. de large et de 7 millim. d'épais. A fond de cale, dans la partie destinée aux marchandises, il y a un léger vaigrage en bois.

Cloisons transversales. — Il y a quatre cloisons transversales étanches, faites en tôle de 7 millim. d'épaisseur, renforcées dans la partie de la cale par des cornières verticales de 9 cent. de côté, à 90 cent. de distance. Il y en a une à l'avant, l'autre à l'arrière de la chambre des machines, puis une à chaque extrémité du bâtiment, à peu de distance de l'étrave et de l'étambot.

Carlingues. — Il y a cinq carlingues en bois de 32 cent. de côté; celle du milieu se prolonge de l'étrave à l'étambot, les autres jusqu'à ce qu'elles rencontrent les formes du navire, dans la chambre des machines; ces carlingues sont renforcées sur les faces verticales par de la tôle de 8 millim. d'épais; deux cornières longitudinales, rivées aux tôles verticales, servent à lier ces carlingues aux varangues. Les machines sont boulonnées seulement avec ces carlingues en bois. A l'avant et à l'arrière de la chambre des machines, les carlingues sont liées aux varangues par des boulons placés en quinconce, ces boulons sont tenus par une clavette, sous la cornière de la varangue, et un écrou sur la carlingue.

Bordé des ponts. — En bois du Nord de 9 cent. d'épais pour le pont supérieur, tenu par des vis à bois sur les barrots en bois, et sur les barrots en fer par des boulons à écrous de 11 millim. de diamètre.

Allonges des pavois des gaillards. — Elles ont 20 cent. de côté, descendent de 1 mètre au-dessous du pont, et sont espacées de 1 mèt. 22 de centre en centre.

Élongis extérieurs. — Ils sont en bois ainsi que le reste des tambours des roues, absolument comme pour un bâtiment en bois.

Panneaux des bielles. — Ils sont recouverts par un capot fait en tôle de 5 millim. d'épaisseur, ayant, à la base, la forme d'un octogone; il est plat sur les côtés, au-dessus du palier des arbres. Dans cette partie sont pratiqués de petits panneaux servant à graisser, serrer et desserrer les paliers. La partie centrale est plus haute, arrondie suivant le recouvrement de la bielle et fermée seulement par un grillage en fer.

Le Iron-Sides (*), *bâtiment à voiles de* 260 *tonneaux, construit à Liverpool, en* 1838, *par MM. Jackson, Gordon et compagnie.*

Dimensions principales.

Longueur de quille.	96 p. » p.	29m,28
Largeur, au fort.	24 »	7 ,32
Creux, sur quille.	15 »	4 ,57
Tirant d'eau, en charge.	9 »	2 ,74
Déplacement, à ce tirant d'eau.	490 tonneaux.	
Poids de coque.	120	

Ce bâtiment a d'abord été mâté en trois-mâts, puis ensuite en brick.

Construction et échantillon.

Quille.—Elle est composée en tôles de 15 millim. d'épaisseur, repliées sans former aucun angle, et fixées sur les tôles des gabords par deux lignes de rivets. Les écarts des différentes pièces de quille se sont faits en les introduisant les unes dans les autres d'environ 15 cent., la plus près de l'étrave étant toujours par-dessous la suivante. La quille ainsi composée a 12 cent. de haut.

Etambot. — Il est en fer massif de 8 cent. sur 15, se repliant de manière à être saisi par les tôles de la quille, sur une longueur d'environ 1 mètre. Les tôles du bordé viennent s'y fixer par deux lignes de rivets, et le dépassent de manière à accompagner l'eau sur les faces du gouvernail.

Etrave. — Elle est en tôle pliée, de 15 millim., reliée au bordé par un joint à clin, à double ligne de rivets; les pièces d'étrave recouvrent le bordé. Elles sont aussi écarvées entre elles par des joints à clin, à trois lignes de rivets. Cette étrave suit le contour de la guibre, qui est en tôle et fermée à la partie supérieure, comme dans la guibre écossaise, planche (5); seulement, à la place de l'étrave en fer, il y a des tôles reliant le revêtement des deux bords. Au brion, dans l'intérieur de l'étrave, se trouve une pièce en fer massif, ayant

(*) On trouve dans cette construction un grand nombre de procédés qui ne sont plus usités, et que, pour cette raison, je n'ai pas mentionnés dans l'exposé général de la composition des parties des bâtiments en fer.

8 cent. sur le droit et sur le tour, 18 au collet, 12 aux extrémités; les deux branches, dans l'étrave et dans la quille, ont environ 1 mètre de long.

Membrure. — Les membres sont alternativement simples et doubles, et distants entre eux de 55 cent. dans toute la longueur du bâtiment. Ces couples sont sans renforts à la partie des varangues, et composés, dans toute leur étendue, d'un ou deux fers d'angle de 8 cent. de côté.

Il n'y a pas de cloisons transversales en tôle.

Bordé extérieur. — Toutes les virures sont à clin, à deux lignes de rivets, et l'épaisseur de la tôle partout de 12 millimètres.

Carlingue du bâtiment. — Elle est en bois de chêne de 33 cent. de haut sur 32 de large, liée à chaque membre double au moyen de deux pattes latérales en fer fixées par deux boulons horizontaux sur la carlingue, et chacun par un boulon à écrou sur la cornière supérieure du membre.

Des barrots. — Il y a un barrot par chaque membre, excepté par le travers du grand panneau, où l'un d'eux s'arrête à l'hiloire. Ils sont composés d'un simple fer d'angle de 9 cent. de côté, et, de trois en trois, de deux fers d'angle placés dos à dos, tous deux ayant un côté appliqué sur le bordage. (Évidemment, cette disposition utilise mal la force des deux cornières.) Chacun de ces barrots doubles est soutenu par une épontille en fer rond de 62 millim. de diamètre, allant du pont des gaillards sur la carlingue. (Quand j'ai visité *le Iron-Sides*, toutes ces épontilles étaient faussées.) Les barrots sont liés à chaque membre par une petite pièce de tôle ayant quatre rivets sur le membre et autant sur le barrot.

Du bordé du pont. — Il est en bois du Nord de 8 cent. d'épaisseur, tenu par des vis à bois présentées par-dessous les barrots en fer. Deux hiloires renversées, entaillées pour chaque barrot, vont en dessous du pont, d'un bout à l'autre du bâtiment.

Des allonges, du pavois du pont, du bordé de ce pavois, des porte-haubans, etc. — Les allonges ont 16 cent. de côté, sont espacées de 55 cent. d'axe en axe, s'élèvent de 1 mètre environ au-dessus du pont et ne descendent en dessous que de 26 cent., sur laquelle longueur il y a deux boulons à écrous pour les fixer au bordé en tôle. Ce bordé est terminé par une cornière qui en fait le tour, en dedans du navire, et pour laquelle on a écarté les allonges de la muraille par une fourrure de 9 centim. d'épaisseur. Un premier plat-bord est placé de l'extérieur sur la cornière du haut et entaillé suivant chaque allonge; contre ce plat-bord vient appuyer la gouttière du pont, puis les allonges sont bordées, en dehors et en dedans, en bois du Nord de 5 centim. d'épaisseur, jusqu'à une lisse d'appui en chêne qui couronne le tout.

Les porte-haubans sont des pièces de bois de chêne de 12 cent. d'épaisseur sur 45 de largeur, appuyées contre les pieds des allonges au-dessus du premier plat-bord, tenues en dessous par des arcs-boutants en fer rivés sur la tôle du bordé, de même que les chaînes de haubans.

Le Iron-Sides, datant d'une époque depuis laquelle d'immenses progrès ont été faits dans la construction des bâtiments en fer, ne présente presque aucune des dispositions qu'on regarde maintenant comme indispensables pour obtenir un bon navire en fer; et cependant, après trois voyages en Amérique et un dans le Nord, je l'ai vu en fort bon état; à cela près que le pont, qui a des barrots trop faibles et des épontilles incapables de le soutenir, avait fléchi en divers endroits.

La Guadalupe, *de 180 chevaux, bâtiment de guerre à vapeur, construit par M. Laird, à Liverpool, achevé en juin 1842.*

Dimensions principales.

Longueur, sur le pont.	187 p.	» p.	57m,03
Id. entre perpendiculaires, à la flottaison.	179	6	54 ,74
Largeur, au maître, sur tôle.	30	1	9 ,17
Creux, sur quille.	18	»	5 ,49
Tirant d'eau, sur quille, avec dix jours de charbon.	9	»	2 ,74
Déplacement, à ce tirant d'eau.	878		tonneaux.
Poids de la coque achevée.	410		

Armement.

Deux canons à pivot de 68, placés aux extrémités du pont des gaillards.

Mâture.

En brick-goëlette présentant une surface de voilure, pour les voiles majeures, de 749 mètres.

Machines à basse pression et à balanciers, des ateliers de MM. Forrester et compagnie, à Liverpool.

Deux cylindres, du diamètre de	4 p.	4 p.	1m,32
Course.	5	»	1 ,52
Diamètre des roues.	21	»	6 ,40
Nombre de tours par minute, à pleine vitesse.	22 tours.		

Vitesse obtenue en calme, à 9 pieds 2 pouces de tirant d'eau. 9 nœuds.

Je citerai *la Guadalupe* comme le bâtiment en fer le plus solide qui ait encore pris la mer, et comme celui offrant, à mon avis, le plus de dispositions bonnes à imiter; aussi m'a-t-il fourni la plupart des détails dont j'ai donné les dessins. M. Laird a cependant adopté, depuis, quelques nouvelles combinaisons dans le brick-pilote, qu'il a mis sur chantier après *la Guadalupe;* les différences portent principalement sur la guibre qu'il a faite toute en tôle, et sur les liaisons des barrots avec la muraille, pour lesquelles il a adopté une excellente disposition que j'ai détaillée à la planche (4), fig. (1) et (3).

Il serait inutile de revenir sur les modes d'agencement de *la Guadalupe*, que j'ai suffisamment expliqués par les dessins; je me bornerai à indiquer des échantillons de matériaux qu'on ne peut pas bien lire sur une petite échelle.

Il convient de rappeler ici ce que j'ai dit à l'article des poids de coque; c'est que M. Laird, dans la construction de *la Guadalupe,* a peut-être sacrifié les conditions de légèreté plus qu'il n'était nécessaire pour réussir à faire un bâtiment excessivement solide. Par conséquent, on serait autorisé à appliquer les mêmes échantillons à un bâtiment de guerre de dimensions bien supérieures à celles de *la Guadalupe.*

Echantillons des matériaux.

Quille. — Elle est en pièces de tôle dont la forme a été obtenue au laminoir et dont l'épaisseur est de 18 millim. au milieu des faces.

Étrave et étambot. — Ils sont en tôle de 16 millim. pliée à chaud, au chantier.

Membrure.—Tous les membres sont doubles et ils sont au nombre de cent vingt et un, plus ceux qui forment l'arrière et qui s'arrêtent au faux pont; leur espacement dans la chambre des machines est de 40 cent. d'axe en axe, de 47 cent. pour les deux divisions suivantes, et de 51 cent. aux extrémités. Les deux cornières qui les composent ont 9 cent. de côté et 11 millim. d'épaisseur moyenne, elles se recouvrent de 7 cent. et les rivets qui les relient sont à 15 cent. de distance. (Il eût suffi de faire recouvrir les deux cornières des membres de 5 cent. l'une par l'autre; on eût eu ainsi l'avantage de donner plus de roideur à leur ensemble.)

Varangues.—La tôle verticale a partout 11 millim. d'épaisseur, et dans la chambre des machines 40 cent. de haut, avec des cornières à chaque rebord. Ailleurs, la varangue n'a que les deux cornières des membres rivées l'une au haut, l'autre au bas de la tôle.

Bordé extérieur. — Il a 15 millim. dans les fonds, 12,7 vers la flottaison, et 10 à la hauteur du pont.

Barrots. — Les tôles des barrots du pont supérieur ont 20 cent. de hauteur et 9,5 d'épaisseur. Les cornières ont tantôt 8 cent., tantôt 7 cent. de côté, sur 9 millim. d'épaisseur moyenne, suivant qu'il s'agit d'un barrot ordinaire ou d'un barrot formant face de panneau ou d'étambrai de mât. Les grands baux des roues ont des tôles de 30 cent. de hauteur sur 12 millim. d'épaisseur, et des cornières de 10 cent. de côté sur 12 millim. d'épaisseur moyenne; enfin les barrots d'entre-pont, des tôles de 18 cent. de hauteur sur 9 millim. d'épaisseur moyenne. Les rivets qui relient les cornières des barrots à la tôle sont partout à 15 cent. de distance.

Cloisons étanches. — Elles sont en tôle de 1 cent., renforcée avec des cornières de 8 cent. de côté, et reliée à la muraille par deux cornières, toutes deux adossées au bordé auquel elles sont fixées par des rivets de 2 centimètres de diamètre, placés à 9 cent. de distance, d'axe en axe. Sur les deux côtés qui saisissent la tôle de la cloison, les rivets sont à 6 cent.

Bauquières. — En tôle de 12 millimètres, et des cornières de 10 centim. de côté pour le pont des gaillards, de 9 centimètres sur 15 centimètres pour le faux pont.

La Nemesis, *de 120 chevaux, bâtiment de guerre construit par M. Laird, à Liverpool, en 1839, pour le compte de la compagnie des Indes orientales.*

Ce bâtiment fait un service des plus actifs sur la côte de la Chine, d'où il ne s'est pas éloigné pendant toute la durée des opérations de l'escadre anglaise contre les Chinois. Et il en a été souvent parlé dans les journaux de l'Inde, toujours avec les plus grands éloges.

Voici ses dimensions principales et ses échantillons de matériaux, que j'extrais d'un long article inséré dans le *United service journal*, de mai 1840; article pour lequel les chiffres ont été fournis par M. Laird lui-même.

Dimensions principales du bâtiment.

Longueur de l'étrave, au couronnement. . .	173 p.	» p.	52m,56
Longueur entre perpendiculaires.	165	»	50 ,32
Largeur, au maître.	22	»	8 ,84
Creux, sur quille.	11	»	3 ,35
Tonnage (ancienne mesure).	660 tonneaux.		

Le tirant d'eau, avec les bas mâts, les ancres, les chaînes et les emménagements, a été de . . . . 2 p. 4 p. 1/2 0m,724

Le tirant en charge, avec les machines et plusieurs pièces de rechange, 12 jours de charbon, eau et vivres pour un équipage de 40 hommes, pour 4 mois, et les rechanges du navire pour 3 ans, a été de.. 6 p. » p. 1m, 083

Mature en brick-goëlette.

Le mât de misaine est incliné de 2 pieds sur 20, et est à 32 pieds en arrière de l'extrémité avant de la flottaison. Le grand mât est incliné de 1 pied sur 20, et est à 79 pieds 6 pouces en arrière du mât de misaine. Le beaupré est incliné de 5 pieds 6 pouces sur 20 pieds.

Dimensions de la mâture.

Mât de misaine	du pont aux barres.. . . .	42 p.	» p.	diamètre	15 p.
	des barres à la tête . . .	8	»	—	»
Grand mât	du pont aux barres... . .	42	6	—	15
	des barres à la tête.. . .	8	»	—	»
Petit mât de hune, longueur totale. . . .		28	»	—	10
Petit mât de perroquet à pible.		8	»	—	»
Grand mât de flèche en queue.		33	»	—	10
Corne de misaine goëlette.		23	»	—	7 1/2
Corne de grand voile goëlette.		23	»	—	7 1/2
Vergue de misaine, longueur totale. . . .		55	»	—	10 1/2
Bouts.		3	»	—	»
Vergue de petit hunier, longueur totale. . .		38	»	—	8 1/2
Vergue de petit perroquet, longueur totale. .		26	6	—	6
Bouts.		1	6	—	6
Beaupré en dehors de l'étrave.		21	»	—	15
Bout-dehors, longueur totale.		26	»	—	8
Croisé sur le beaupré, longueur totale. . .		13	6	—	»

Armement.

A chaque extrémité un canon à pivot de 32, faisant feu par-dessus le platbord.

Machines à balanciers de MM. Forrester et comp., à Liverpool.

Deux cylindres, du diamètre de.	3 p.	8 p.	1m,117
Course.	4	»	1 ,220

Diamètre des roues à aubes..	17 p.	6 p.	5 ,337
Longueur des aubes..	6	9	2 ,058
Hauteur des aubes.	1	2 1/2	» ,368
Nombre des aubes. 16			
Distance de l'axe des roues à l'avant de la flottaison.	78	0	23 ,790

Chaudières en fer à trois corps indépendants.

Construction de la coque.

Quille. — Elle est composée de tôles légèrement pliées de manière à former un canal pour l'eau sous les varangues; ces tôles sont rivées à clin sur les gabords, ont 1 pied de large et sept seizièmes de pouce d'épaisseur.

Étrave et étambot. — Ils sont faits de la même manière que la quille, en tôles pliées, de sept seizièmes de pouce d'épaisseur. La guibre est en bois, boulonnée sur une portion aplatie de l'étrave, et le pied de cette guibre est maintenu dans une espèce de socle en fer pratiqué dans l'étrave. L'étambot est renforcé sur la face arrière par une pièce en fer forgé, maintenue par des boulons à écrous et par la ferrure du gouvernail. Ce gouvernail est en bois avec des aiguillots en fer.

Membrure. — Les membres sont composés, sur les flancs du navire, de deux fers d'angle de 3 pouces de côté, et sont placés à 18 pouces, d'axe en axe, au centre du navire. Cette distance va en augmentant graduellement vers les extrémités jusqu'à devenir égale à 3 pieds. Pour former les varangues, les deux cornières des membres se séparent, de manière à se river au haut ou au bas d'une tôle verticale, ayant 9 pouces de haut. Les réunions des cornières entre elles et avec la tôle de la varangue sont faites par des rivets de trois quarts de pouce, placés à 6 pouces de distance.

Sur la cornière supérieure de chaque varangue est rivée une tôle horizontale de 4 pouces de large. Sur ces tôles sont fixés, au moyen de boulons à écrous de 1 pouce de diamètre, cinq rangs de carlingues en bois de 12 pouces de côté, qui s'étendent dans toute la longueur du navire, aussi loin que possible.

Bordé extérieur. — La longueur des tôles est partout d'environ 8 pieds, la largeur est de 2 pieds 6 pouces, au maître, et va naturellement en diminuant vers les extrémités du bâtiment.

Les 6 premières virures à partir de la quille sont à clin, les 6 autres sont à joints plats. Les tôles du bordé à clin ont trois huitièmes de pouce d'épaisseur, et celles du bordé à franc-bord cinq seizièmes de pouce.

Gouttières. — Le bordé en tôle se termine au pont des gaillards par une cornière de 3 pouces placée à l'intérieur, et sur laquelle est rivée une ceinture en tôle placée horizontalement. Sur cette tôle est boulonnée une gouttière en bois de 4 pouces d'épaisseur, sous laquelle on a placé du feutre gras fortement comprimé par les boulons à écrous.

Pavois au-dessus du pont. — Des allonges en bois passent au travers des ouvertures ménagées dans la ceinture ou gouttière en tôle. Ces allonges descendent de 2 pieds au-dessous du pont, sont fixées par deux boulons au bordé, et à la ceinture en tôle par une cornière de chaque côté; elles portent un plat-bord en bois et sont bordées à l'extérieur.

Barrots. — Les barrots sont composés de deux fers d'angle adossés, saisissant entre eux une tôle de 9 pouces de haut sur un quart de pouce d'épais; ils sont reliés aux flancs du navire par des courbes en fer d'angle.

Les grands baux des roues sont en bois; ils traversent la muraille en s'appuyant sur deux collerettes ou cornières garnies de feutre, avec lesquelles ils sont boulonnés.

Bordé des ponts. — Les bordages du pont sont en sapin et fixés aux cornières des barrots par des boulons à écrous dont la tête est enfoncée dans le bordage d'environ un demi-pouce. Les trous au-dessus de ces têtes de boulons sont bouchés par des rouleaux en bois, qu'on introduit imprégnés de blanc de céruse.

Cloisons étanches. — Il y a six cloisons en tôle rendues étanches contre les flancs du navire, et aussi autour des carlingues en bois qui les traversent; quatre de ces cloisons, celles qui sont dans la partie large du bâtiment, sont en tôle de cinq seizièmes de pouce d'épaisseur; les deux placées près de chaque extrémité, ayant moins de surface, sont en tôle de trois seizièmes de pouce d'épaisseur. Il y a, pour chaque compartiment, une petite pompe à bras, dont la crépine est dans le creux de la tôle formant la quille. Des pompes puissantes sont jugées inutiles, vu que ces bâtiments ne font d'eau que dans le cas où un rude échouage leur a déchiré une tôle, auquel cas on laisse remplir la division et on va se réparer.

Entre les machines et les chaudières, il y a une cloison en tôle dans laquelle est pratiquée une large ouverture elliptique ayant ses rebords garnis d'une latte en fer; c'est là un excellent moyen de consolider cette partie du navire.

La Nemesis a été construite pour tirer le moins d'eau possible, et, afin de lui rendre les qualités nautiques que cette première condition devait lui ôter, on y a établi des quilles à coulisses, chacune de 7 pieds de long et pouvant se descendre à 5 pieds au-dessous du bâtiment. Ces quilles sont en bois de 4 pouces et demi d'épaisseur, et, au moyen d'un petit treuil placé sur le pont, se montent et s'abaissent dans un puits en tôle de 12 pouces de large, régnant depuis le fond du navire jusqu'au pont des gaillards, et solidement rivé par des fers d'angle à la quille ainsi qu'à une cloison transversale. L'épaisseur de la tôle de ces puits est de sept seizièmes de pouce. Une de ces quilles à coulisses est juste devant la chambre des machines et l'autre derrière. Il y a aussi un procédé pour enfoncer davantage le gouvernail dans l'eau, lorsqu'on se sert de l'appareil des dérives. Le commandant de *la Nemesis* a écrit qu'il s'était fort bien trouvé de l'usage de ces coulisses pour tenir le vent à la voile, et aussi pour diminuer les mouvements de roulis.

Paquebot de 320 chevaux, en construction au chantier de M. Wilson, à Liverpool, pour la compagnie des bateaux à vapeur de Dublin (*).

Dimensions principales du bâtiment.

Longueur à la flottaison		177 p.	» p.	53m,97
Longueur de la quille		173	»	52 ,76
Largeur au maître	au pont supérieur	28	»	8 ,54
	à la flottaison	26	6	8 ,08
Tirant en charge sur quille		8	»	2 ,44
Hauteur de quille			5 ½	0,139

Machines à basse pression et à balanciers de MM. Fawcett et Preston, à Liverpool.

Échantillons des matériaux.

Quille.— Elle se compose de pièces de tôle venues du Staffordshire, avec la forme et les dimensions prescrites, analogues à celles de la quille fig. (3), planche (2). La hauteur totale est de 14 centimètres; la largeur totale, en dehors des lèvres, est de 42 cent.; la largeur en dehors à la base, 20 cent.; l'épaisseur au milieu des faces est de 2 cent.; les diverses pièces ont 2 mètres 10 cent. de longueur.

Étambot. — Il est en fer massif présentant pour section un rectangle de 14 cent. sur 10; il se replie, au talon, sur une longueur de 45 cent., qui est saisie dans l'intérieur de la quille, dont la dernière pièce est rétrécie à cet effet.

(*) M. Wilson promet que ce bâtiment aura une vitesse au moins de 15 milles terrestres à l'heure par calme. (C'est son premier bâtiment en fer.)

Étrave. — Je pense qu'elle sera faite d'une manière analogue à l'étambot, mais elle n'était pas encore commencée quand j'ai quitté Liverpool.

Tous les membres resteront simples sur les côtés. Ils sont à distance égale de 52 cent. d'axe en axe, dans toute la longueur du bâtiment; composés, dans la partie centrale, de 3 pièces de fer d'angle de 8 cent. et demi de côté, dont l'une croise la quille et dont les deux autres sont écarvées à la première, sur une longueur de 1 mèt. 65 cent. Vers les extrémités du bâtiment, il n'y a, pour un membre, que deux pièces écarvées en dessus de la quille. Les varangues seront renforcées, comme à l'ordinaire, au moyen d'une tôle et d'une seconde cornière au can supérieur. J'ignore quelles seront les épaisseurs du bordé, ainsi que les autres dispositions de cette construction.

Le Great-Britain, *de 1,280 chevaux, en construction à Bristol pour le compte de la compagnie du* Great-Western.

Le projet de ce bâtiment destiné aux communications régulières avec l'Amérique est signalé par M. Joffre, ingénieur de la marine, dans le rapport sur son voyage en Angleterre en 1839. A cette époque, on devait donner pour moteur à ce bâtiment en fer une machine à roues à aubes, à deux cylindres, de 1,000 chevaux ; il portait alors le nom d'*America*. Plus tard, les auteurs du projet ont modifié la force et la nature de la machine, qu'ils ont faite à hélice, à quatre cylindres et d'une puissance de 1,280 chevaux (d'après la formule ordinaire, en fonction du diamètre des cylindres, de la course des pistons et du nombre de coups qu'ils doivent battre par minute). Le bâtiment a été connu alors sous le nom de *Mammouth*.

M. Moissard, ingénieur de la marine, dans le rapport de son voyage en Angleterre en 1841, a donné toutes les dimensions principales de ce bâtiment et de ses machines après la modification du projet primitif. Depuis cette époque, l'exécution en a été poussée avec activité, conformément à ce qui avait été arrêté en 1841.

Toutefois le bâtiment a encore depuis changé de nom, et porte maintenant celui de *Great-Britain*.

Lorsque je l'ai visité en septembre 1842, la coque était achevée, moins le second étambot, destiné à porter le gouvernail et l'extrémité de l'hélice. Les machines étaient en montage dans l'atelier de la compagnie du *Great-Western*, et il ne restait plus à faire d'autre pièce que l'hélice. Les ingénieurs du *Great-Britain* m'ont dit que, après avoir fait de nombreuses expériences, sur de petits bateaux, afin de déterminer le nombre, la forme et la meilleure inclinaison des ailes pour un certain diamètre d'hélice et une certaine vitesse, ils étaient disposés à s'arrêter aux dimensions que je donne ci-après.

Pendant mon séjour à Bristol, j'ai examiné avec soin le travail de la coque du *Great-Britain*. J'avais déjà étudié les constructions de Liverpool et de Glascow, et j'étais à même d'établir une comparaison qui est loin d'être à l'avantage des procédés de liaison employés pour ce gigantesque essai, à l'occasion duquel il eût pourtant été convenable de mettre en pratique toutes les ressources de l'art de la construction en fer. Ces bâtiments, même les moins soignés, ont déjà tant de raisons pour offrir une puissante connexion de toutes leurs parties, qu'il y a lieu d'espérer que le *Great-Britain* ne manquera pas de solidité, malgré ses proportions inusitées; mais assurément on applique, en Angleterre, à des bâtiments de dimensions très-ordinaires des moyens de liaison bien supérieurs à ceux employés sur *le Great-Britain*. C'est ce dont on jugera, du reste, par la description et les échantillons ci-après et par l'examen de la planche (8).

Dimensions principales du bâtiment.

Longueur, de l'extrémité de la guibre à l'arrière du couronnement.	317 p.	3 p.	96m,75
Longueur, de la perpendiculaire avant à la face arrière du second étambot.	292	»	89 ,06
Longueur, à la face arrière du premier étambot. .	278	»	84 ,79
Largeur, au fort, sur membre, à la hauteur de 24 pieds sous varangues.	51	»	15 ,55
Largeur, à la flottaison, à la hauteur de 16 pieds. . .	46	»	14 ,03
Creux, sous varangues, au milieu.	32	3	9 ,83

		Surfaces au maître.		Déplacements.	
Au tirant d'eau de	12 pieds	404	pieds carrés. . . .	1913	tonneaux.
—	14	490	—	2420	—
—	16	580	—	2973	—
—	18	675	—	3572	—
—	19 ,2	732	—	3900	—

Or on trouve dans la première partie de ce rapport, à l'article des poids de coque, page (13), une évaluation du poids total du *Great-Britain*, au départ, d'après laquelle son déplacement serait alors de 3900 tonneaux, correspondant au tirant d'eau de 19 pieds 2 pouces, égal à 5 mèt. 84 cent., et à une surface de maître couple de 730 pieds carrés ou 68 mètres carrés.

Dans ce total de 3900 tonneaux, le poids de coque figure pour 1000 tonneaux, dont 840 tonneaux de fer et 160 tonneaux de bois. La quantité de charbon n'est que de 1000 tonneaux, ce qui suffira tout au plus pour dix jours de chauffe à pleine vapeur. Les constructeurs du *Great-Britain* espèrent qu'il ne mettra jamais plus de dix jours à faire la traversée de Bristol à New-York; mais c'est là une hypothèse au moins bien hasardée, et il pourrait bien arriver qu'il fallût encore consacrer au charbon une partie du déplacement déjà peu considérable alloué aux marchandises.

Mâture.

Elle se compose de six mâts verticaux et du beaupré. Un seul mât, le second, à partir de l'avant, portera un hunier; tous les autres n'auront que des voiles goëlettes; ces mâts, tous fort légers, seront à charnière sur le pont, et disposés pour s'abattre dans les circonstances de vent debout, excepté celui qui est devant la cheminée, et aussi celui qui porte la brigantine.

Machines.

Elles consistent en quatre cylindres inclinés à 45° vers le plan diamétral du bâtiment, et placés deux à tribord, deux à bâbord, agissant directement sur deux manivelles aux extrémités d'un arbre parallèle à la longueur du navire, au moyen de bielles articulées sur les tiges de pistons. Il y a deux condenseurs en tôle, chacun servant pour les deux cylindres qui agissent sur une même manivelle. Dans chacun de ces condenseurs fonctionne une pompe à air, à laquelle le mouvement est renvoyé toujours par le même bouton et par une bielle articulée sur la tige de la pompe. Une de ces pompes à air est un peu dévoyée de la verticale, afin de laisser passer l'arbre de l'hélice, qui, au milieu des quatre cylindres, portera un tambour recevant le mouvement d'un autre plus grand, placé au-dessus de lui sur l'arbre principal. La communication de mouvement entre les deux tambours sera établie au moyen de courroies, de cordages ou de quelque autre moyen que les ingénieurs chargés de cette construction n'ont pas encore bien déterminé. Ils ont fait et font encore, sur ce sujet, diverses expériences pour asseoir leur opinion.

Dimensions principales des machines.

Diamètre des cylindres à vapeur.	7 P.	4 P.	2m,235
Course.	6	»	1 ,83
Nombre de coups de piston, par minute.	20 coups.		
Diamètre du grand tambour.	24 P.	» P.	7m,32
— du petit tambour.	6	»	1 ,82
Nombre de tours de l'hélice.	80 tours.		
Nombre des ailes.	4 ailes.		

Pas de la surface hélicoïdale de ces ailes.	16 p.	» p.	4m,88
Longueur de chaque aile projetée sur un plan parallèle à l'axe.	4	6	1 ,37
Hauteur de l'axe de l'hélice, à partir du dessous des varangues.	7	9	2 ,36
Hauteur pour l'axe de l'arbre du grand tambour. . .	25	3	7 ,80
Quantité dont le grand tambour débordera le pont supérieur.	5	»	1 ,52

Chaudières.

Elles ont douze foyers sur chaque façade. Les courants de flamme se replient deux fois par-dessus les foyers, de manière à aboutir tous, après s'être réunis en quatre conduits principaux, à la cheminée placée exactement au milieu des chaudières. Le diamètre de cette cheminée est de 7 pieds 8 pouces; sa hauteur, au-dessus du dôme des chaudières, est de 40 pieds. L'ensemble de l'appareil évaporatoire forme un volume ayant 34 pieds de long, 32 de large, et 21 pieds 6 pouces de haut.

Construction et échantillon de la coque.

Quille. — Il n'y a pas de quille en saillie dans le plan diamétral; seulement une cornière en tôle de trois quarts de pouce d'épaisseur, rivée à clin par-dessus les tôles des deux bords, règne de bout en bout, plate dans la partie centrale du navire, et se relevant de chaque bord en approchant des extrémités. Les deux dernières pièces de cette virure, à l'avant et à l'arrière, ont 1 pouce d'épaisseur; ce sont celles qui se relient à l'étrave et à l'étambot.

A 6 pieds du plan diamétral sont fixées, sous le bordé, deux quilles latérales, composées de tôles de 1 pouce d'épaisseur, et de cornières de 5 pouces de côté, de la manière indiquée dans la planche (2), fig. (6). Ces quilles occupent, en longueur, la moitié de la longueur du navire; elles n'ont que 8 pouces de haut, au maître; mais, comme leur dessous est horizontal pendant quelque temps, elles ont, plus loin, 14 pouces de saillie sur la carène (*).

(*) Les ingénieurs du *Great-Britain* présentent l'application de ces quilles comme une idée toute nouvelle; mais il est constant que depuis bien des années, en France, on a employé ce moyen pour augmenter la résistance latérale des bâtiments sans leur donner beaucoup de tirant d'eau. Dès 1811, il a été rédigé par M. Bonard, aujourd'hui inspecteur général du génie maritime, un projet de batterie flot-

Du premier pont au second. . . . . » $^4/_8$ 25^{mil}.6

Du second au plat-bord. . . . . » $^3/_8$ 9 5

Barrots. — Ils sont partout composés d'un fer d'angle, ayant 3 pouces de côté horizontal et 5 de côté vertical. Il y a un barrot, par couple, vers les extrémités du bâtiment, et, pour la partie centrale, deux barrots consécutifs se relient aux membres correspondants, puis le troisième barrot se bifurque en allant se relier à deux membres; de sorte que ceux-ci étant à 21 pouces de distance aux extrémités, et à 14 pouces vers le milieu, les barrots se trouvent partout, à peu près, à un espacement commun de 21 pouces. Ceux qui se trouvent par le travers d'un panneau s'arrêtent à l'hiloire latérale de ce panneau. Quant à la liaison des barrots avec la muraille, on la comprendra de suite, à l'inspection de la figure (8), qui donne deux coupes transversales du *Great-Britain* et qui met en évidence, mieux que par une description, l'installation du plat-bord et des gouttières des différents ponts.

On regrette, dans cette disposition, de ne pas trouver de bauquières rivées à la muraille. Tous ces barrots sont aussi excessivement faibles, et, malgré les épontilles qui les soutiennent au milieu, il est à craindre qu'on s'aperçoive, à la mer, que les ponts ne sont pas solidement établis.

Bordé de ponts. — Le pont des gaillards et les deux ponts au-dessous sont bordés en bois du Nord tenu, à la manière ordinaire, par des boulons à écrou. Le pont inférieur est bordé en tôles rivées entre elles par des joints plats, rivées aussi sur les barrots et avec les côtés du navire. Sous le bordé en bois du pont des gaillards sont rivées deux séries de bandes en tôle, croisant le plan diamétral à 45 degrés; ces bandes ont 6 pouces de largeur, et un quart de pouce d'épaisseur; elles sont à environ 5 pieds de distance moyenne. Les deux séries inverses se croisent entre elles à angles droits.

Cloisons en tôle. — Elles sont au nombre de cinq, descendant jusque sur le dernier pont en tôle; leur épaisseur est d'un quart de pouce.

Etrave et guibre. — L'étrave se compose d'une seule pièce de fer, saisie au brion par la dernière tôle de la quille, sur une longueur d'environ 3 pieds, et contournant le bord extérieur de la guibre jusqu'à la figure extérieure du bâtiment, de sorte que la guibre n'est que le prolongement du bâtiment aplati de manière à ne pas former d'angle à la jonction de la guibre et du navire. Le vide de cette guibre est fermé en haut par des pièces de bois, puis d'un bord à l'autre du bâtiment est établie, à la base de cette guibre, une cloison en tôle, sur laquelle sont boulonnés les apôtres. Le beaupré s'appuie sur eux, et il est recouvert par les tôles de la guibre, qui vont de tribord à bâbord et lui servent de liens. La section de l'étrave en fer varie depuis le brion jusqu'au sommet; elle a partout la forme d'un trapèze dont les dimensions sont à leur maximum, à la partie inférieure, où l'étrave a 13 pouces sur le tour, et 3 pouces et demi d'épaisseur moyenne sur le droit.

Les tôles du bordé sont fixées sur les forces latérales de l'étrave et du taillemer, au moyen de 2 lignes de rivets, dans le haut, et de 3 lignes, à l'approche du brion.

Etambots et arrière. — Le premier étambot, celui qui termine la carène et qui est traversé par l'arbre de l'hélice, est une pièce de fer, ayant une section trapézoïdale de 13 pouces sur 3 et demi d'épaisseur moyenne; il se replie d'environ 3 pieds horizontalement, à la partie inférieure, pour être saisi par la tôle de la quille. A la hauteur de l'arbre de l'hélice, cet étambot est renflé, de manière à ce qu'on ait pu y pratiquer le passage de cet arbre. Les tôles du bordé s'appliquent sur les faces latérales, par 3 lignes de rivets. Cet étambot s'arrête à son entrée dans le bâtiment, qui se prolonge ensuite horizontalement au-dessus de l'emplacement de l'hélice, jusqu'au second étambot. Celui-ci n'est pas encore en place, et il doit être en fer massif, arrondi au-dessus du point où sera fixé le palier extérieur de l'hélice, en servant ainsi lui-même d'axe de rotation au gouvernail, qui aura un tiers de sa surface en dedans, et deux tiers en dehors de cet étambot.

Le pied de ce second étambot sera relié au premier, au moyen d'une pièce composée de cornières et de tôles, dont l'une placée à plat, épaisse de 1 pouce

---

tante de 28 canons de 36 pour la défense de la rivière de Bordeaux, bâtiment destiné aussi à croiser devant la rivière, et qui devait être muni de trois quilles afin qu'il pût tenir le vent malgré son peu de tirant d'eau.

Le Luxor, destiné à entrer dans le Nil et obligé d'avoir aussi des qualités nautiques, a été construit à Toulon avec cinq quilles qui ont parfaitement atteint le but d'augmenter la résistance latérale.

Des bâtiments côtiers pour l'Algérie ont été munis de quilles latérales.

Enfin je rappellerai à ce sujet la proposition qui a été faite par M. Bonard, alors directeur des constructions navales à Toulon, d'appliquer plusieurs quilles latérales à un vaisseau à trois ponts.

et large de 18 pouces, forme une fourche venant embrasser le talon du premier étambot, en se prolongeant de 5 ou 6 pieds sur les côtés de la tôle pliée, qui, dans cette partie du bâtiment, ressemble tout à fait à une quille.

La voûte et le tableau sont tout en fer et construits comme je l'ai indiqué, à l'article particulier des arrières en fer.

Membrure. — Dans la chambre des machines, les membres sont doubles, identiques depuis un plat-bord jusqu'à l'autre, sans aucun renfort aux varangues; les deux cornières qui le composent ont 3 pouces et demi sur une face, et 5 sur l'autre. Dans le restant du navire, les membres sont simples sur les côtés, et la varangue reste la même que pour les couples doubles de la chambre des machines. Les huit derniers couples, à l'avant, sont formés de fers d'angle, n'ayant que 4 pouces sur 3 pouces de côté.

L'espacement des membres, d'axe en axe, est de 14 pouces au milieu, et de 21 pouces aux extrémités; chaque membre simple est composé de quatre bouts de cornières écarvés ensemble, au moyen de plaques de tôle appliquées sur les deux faces de ces cornières.

Carlingues. — Il y a douze carlingues longitudinales, faites en tôle de trois huitièmes de pouce d'épaisseur, et avec des cornières de 3 pouces et demi de côté. Ces carlingues, dont on voit la coupe à la pl. (8), portent un pont en tôle, qui règne dans toute la longueur du navire, à la hauteur du dessous des chaudières, et qui est rivé à la muraille des flancs. Entre les carlingues en tôle se trouvent, de distance en distance, des équerres en cornières, servant à les relier entre elles; ces carlingues restent parallèles au plan diamétral et s'arrêtent, à mesure que les façons du navire les annulent naturellement.

Bordé intérieur. — Le bordé est partout à clin, à 2 lignes de rivets, excepté pour le deuxième et le troisième joint à partir du plat-bord, qui sont deux joints plats, ayant la plate-bande en dehors. Ces deux bandes de fer portent des moulures et forment deux ceintures autour du bâtiment. Pour les joints à clin, la feuille supérieure est, comme à l'ordinaire, placée par-dessus la feuille inférieure, excepté aux quatre lignes de joints qui restent avant la quille et pour lesquelles l'ordre est renversé; de sorte qu'une virure est recouverte sur ses deux bords par les voisines; c'est sur celle-là qu'est appliquée la quille latérale.

Voici les épaisseurs de ce bordé :

Pièce de quille rivée au brion et celle rivée à l'étambot.	1 p.	25 mil.	4
Pour les autres pièces de quille.	» $^3/_4$	19	
Pour les gabords et suivantes.	» $^5/_8$	15	8

L'épaisseur reste constante jusqu'au pont au-dessus de la flottaison.

DE L'OUTILLAGE ET DU PERSONNEL

D'UN CHANTIER DE CONSTRUCTION DE BATIMENTS EN FER.

Dans un chantier de construction de bâtiments en fer, la mise en œuvre du métal offre une complète analogie avec les détails de fabrication des chaudières à vapeur et permet d'écarter toute combinaison de pièces qui exigeraient de l'ajustage.

L'outillage d'un pareil chantier est donc très-simple.

On doit y avoir à sa disposition :

Un assez grand nombre de feux de forges fixes et de petites forges portatives, qu'on place sur les échafaudages et dans l'intérieur du bâtiment en construction, pour chauffer les rivets près de l'endroit où on les emploie;

Un ou deux fourneaux destinés à chauffer les tôles et les fers d'angle sur une plus grande étendue qu'on ne peut le faire sur l'autel d'une forge ;

Des machines à poinçonner et à couper les tôles et les cornières ;

D'autres pour percer à la mèche et fraiser les trous des rivets déjà percés au poinçon.

Ces machines sont ordinairement en assez grand nombre pour motiver l'emploi d'un petit moteur à vapeur, qui fait aller en même temps le ventilateur des forges.

Il faut, en outre,

Une machine à rouleaux pour plier les tôles;

Une série de presses, d'enclumes et de mandrins en fonte à surfaces planes ou arrondies ;

Des outils à percer sur place ;

De petites presses à main pour forcer les tôles à s'appliquer sur les membres, après avoir donné à chaque feuille une courbure approchée ;

Enfin tous les autres outils à main usités dans le travail des chaudières.

Quant au personnel des ouvriers, il se compose de forgerons, d'ouvriers riveurs, d'apprentis pour chauffer et apporter les rivets, et de quelques charpentiers pour les travaux en bois.

Comme terme de comparaison, pour se faire une idée de la proportion à établir entre l'outillage et le personnel employé à ces travaux, voici l'énumération du matériel et des ouvriers du chantier de M. Laird, situé à Birkenhead, sur la rivière Mersey, vis-à-vis Liverpool, tel qu'il était en août 1842 (*).

Ce chantier contenait deux cales de construction établies simplement sur des grillages en bois. Tout le travail du fer, excepté le montage, se faisait sous un vaste hangar à peu près carré, ayant des murailles sur trois côtés et complétement ouvert sur le quatrième; il était recouvert par une toiture en zinc avec fermes en fer : cette toiture, composée de quatre arcades, est soutenue, dans l'intérieur, par des piliers en bois. Sous ce hangar, il y avait vingt-deux feux de forges, dont quatorze de grandeur moyenne, servant à donner l'équerrage aux cornières pour la membrure et à forger le petit nombre de pièces ouvragées qui entrent dans la composition de certaines parties des bâtiments en fer. Les six autres étaient de petits feux destinés, les uns à confectionner des rivets, les autres des boulons à écrou et à clavette, dont on fait un grand usage pour tenir les pièces à faux frais, pendant le montage.

Le transport des membres de la forge à l'enclume et leurs mouvements sur l'enclume s'exécutent sans aucune grue, le plus souvent à bras, et quelquefois au moyen d'une poulie fixée aux fermes de la toiture; cette poulie sert à tenir une des branches verticales, pendant que l'autre est sur l'enclume.

Dans un angle du hangar étaient placés, à se toucher, deux fourneaux à chauffer les tôles et les cornières, ayant 3 mètres de profondeur commune, et l'un 1 mèt. 65, l'autre 1 mètre de largeur : ces deux fourneaux avaient une cheminée commune, dont on réglait le tirage par une plaque en fer horizontale placée au sommet et qu'on approchait ou éloignait à volonté de l'orifice. Le long du mur du fond, à l'intérieur de ce hangar, était adapté l'arbre du manége, mû par une machine d'environ 6 chevaux, placée dans une enceinte latérale de l'autre côté du mur. Ce manége donnait le mouvement à sept machines à poinçonner et à couper le fer; deux d'entre elles étaient faites pour poinçonner des trous de 1 pouce et demi de diamètre dans du fer de 1 pouce d'épaisseur, les autres étaient d'une force moindre. Ces machines sont munies d'un volant dont l'arbre porte deux poulies, l'une fixe, l'autre folle : la courroie venant du manége se pousse sur l'une ou l'autre de ces poulies pour mettre en mouvement ou arrêter à volonté chaque machine; mais, une fois le volant lancé, le poinçon descend à des intervalles de temps égaux, indépendants de la volonté de l'ouvrier; ce qui exige de sa part de l'habitude à manœuvrer sa pièce, d'autant plus qu'aucune de ces machines n'est munie de chariot pour faire avancer régulièrement la pièce à poinçonner (**).

(*) M. Laird a étendu, depuis cette époque, le matériel et le personnel de son chantier.

(**) Comme, dans la construction des bâtiments en fer, le plus souvent les rivets ne sont pas en ligne droite et qu'ils se trouvent à des distances très-variables, l'emploi de ces chariots est inutile.

Le manége faisait aussi mouvoir quatre machines à fraiser et à percer, à la mèche, des trous dont le diamètre pouvait atteindre 2 pouces.

Il y avait une machine à ployer la tôle suivant des formes cylindriques ou conoïdales, en lui donnant des courbures variables, dont la plus forte avait pour mesure un rayon *minimum* de 16 centimètres.

Dans ses deux fourneaux à chauffer, M. Laird brûle de la houille ordinaire des environs de Liverpool; mais pour les feux de forge où se façonnent les membres, il ne se sert que de coke, et il le fabrique, à son chantier, dans un four placé à côté du hangar principal dont je viens de parler.

Les travaux en bois, menuiserie et petite mâture s'exécutaient dans un édifice séparé, dont le premier étage servait de salle de gabarits. Les bas-mâts se travaillaient en plein air.

Sur le bord d'un quai, au ras duquel les bâtiments de moyenne grandeur flottent pendant plusieurs heures de la marée, s'élevaient une grue et une machine à mâter; enfin, à l'entrée du chantier se trouvaient les bureaux, où plusieurs dessinateurs étaient continuellement occupés à tracer et coter les détails d'exécution.

Pendant les mois de juin, juillet, août et septembre 1842, on a travaillé activement, chez M. Laird, à deux bâtiments en fer, savoir : un brick-pilote pour Calcutta, de 93 pieds de longueur, et un bateau de 98 pieds, destiné à servir de feu flottant sur la côte. Quelques ouvriers étaient encore employés à finir une chaudière de machine à vapeur. Ces travaux occupaient cent dix ouvriers pour le fer et une vingtaine d'enfants apprentis, le tout dirigé par deux maîtres présidant, l'un à la mise en place, l'autre à la confection à l'atelier. Le nombre des ouvriers pour le bois était d'un contre-maître et vingt charpentiers. Il y avait, en outre, un charpentier chargé de surveiller les dessinateurs, de tracer à la salle et de donner aux forgerons les gabarits et les équerrages des couples.

La membrure du second navire se faisait pendant qu'on bordait le premier, et il m'a paru que presque toujours les machines étaient employées et ne faisaient pas attendre les ouvriers, d'où j'ai pu conclure que l'outillage et le personnel du chantier étaient dans un rapport convenable. Avec plus ou moins d'ouvriers, le nombre des feux de forge et des machines à poinçonner, à couper et à fraiser devra croître ou décroître proportionnellement. Quant aux fourneaux à chauffer les tôles et les cornières, il en faut au moins deux. Une seule machine à rouler les tôles suffirait pour un très-grand nombre d'ouvriers, mais il en faut toujours une.

DE LA CONFECTION DES PIÈCES

ET DU MONTAGE DES COQUES.

Je donne, dans l'exposé suivant, les procédés usités par M. Laird, qui m'ont paru les plus rationnels, d'après ce que j'ai pu voir dans divers chantiers de l'Angleterre. D'ailleurs, pour toutes les parties importantes, j'ai rencontré partout à peu près les mêmes méthodes.

Après le plan dessiné qui a servi aux principaux calculs du bâtiment à construire, on fait aussi un petit modèle en bois massif, et, sur ce modèle, on trace toute la distribution des membres et des tôles du bordé, dont on relève les grandeurs sur l'échelle, ainsi que les longueurs de chaque membre; celle des divers barrots se prend sur le plan. On fait venir des fers d'angle de dimensions très-approchées, afin d'éviter, autant que possible, les soudures et les bouts perdus. C'est au chantier qu'on courbe les cornières suivant la forme du gabarit, et qu'on ouvre ou ferme leur côté pour leur donner l'équerrage voulu.

En traçant les tôles sur le modèle en bois, on s'arrange pour que les écarts des abouts tombent toujours entre deux membres, qu'ils se croisent d'une virure à l'autre, que la longueur de chaque tôle s'approche de 2 mèt. 40, et que la largeur soit de 50 à 60 cent. au milieu du bâtiment.

Les dimensions de chaque tôle étant ainsi mesurées avec précision, on a toute facilité pour calculer le poids du bordé en tôle, en tenant compte du recouvrement des virures à clin des bandes des joints plats et du surplus dû aux têtes des rivets; les poids des barrots et des membres se comptent à tant le mètre de longueur; il est très-facile d'avoir celui de la quille, de l'étrave, de l'étambot, des bauquières et de quelques vaigres, vu que tout est de la même matière, de densité bien connue : reste l'évaluation des poids du bordé des ponts, des plats-bords, et sur laquelle on ne peut pas faire de bien grandes erreurs, et on obtient ainsi le tableau des calculs du poids de coque, avec une précision que ne comportent guère les bâtiments en bois faits sur des plans nouveaux.

Quand on vient à l'exécution, la base principale du travail est, comme d'habitude, un plan du bâtiment tracé, en vraie grandeur, à la salle des gabarits et donnant les sections équidistantes, parallèles à la quille, les sections perpendiculaires à cette quille, dans chaque position où il y aura un membre, les rabattements d'un certain nombre de lisses, enfin l'élévation latérale du bâtiment.

On fait, sur le vertical, un gabarit de chaque membre en planches minces, sur lequel on marque la trace du plan de chaque lisse; et, à côté de cette ligne, l'angle d'équerrage que devront faire entre eux, à cet endroit, les deux faces du fer d'angle composant le membre. Celui-ci est placé de manière que les équerrages seront plutôt obtus qu'aigus, ce dont on est toujours maître en tournant le fer d'angle d'un côté ou de l'autre.

Sur ce gabarit on exécute, à la forge, un membre simple, complet, en deux ou trois pièces, qu'on réunit ensemble, à faux frais, au moyen de boulons à écrou, et on prépare ainsi toute la membrure; mais, je le répète, sans aucune double cornière ni renfort de varangue, quels que soient les projets ultérieurs pour ces parties.

Pour façonner le membre, on commence d'abord par le chauffer au fourneau et lui donner la courbure suivant le gabarit; puis on le chauffe, par partie, sur un feu de forge, et on lui donne l'équerrage voulu, en ouvrant plus ou moins l'angle droit primitif de la cornière, au moyen d'une pièce en fer présentant un angle obtus, qu'on force à coups de marteau dans l'angle intérieur. Dans cette opération, il faut qu'une des faces du fer d'angle ne se dévie pas du plan du couple, ce qui exige de le rectifier sur une large table en fonte qui, dans quelques ateliers, est percée de trous servant à maintenir le membre avec des crochets, pendant qu'on le dresse au marteau.

Pendant qu'on prépare ainsi la membrure, les pièces de quille, d'étrave et d'étambot se mettent les premières en place, et les écarts des diverses pièces qui les composent sont rivés définitivement, si ce sont des quilles creuses, mais tenus provisoirement, si ce sont des quilles en fer massif; les mêmes rivets qui feront l'écart devant, dans ce dernier cas, traverser les gabords de chaque côté.

L'exécution des quilles, étraves et étambots en fer massif n'est qu'un travail de forge qui n'a rien de particulier. Quand ces pièces sont en tôle pliée, cette tôle, après avoir été chauffée au fourneau, se façonne sur un prisme massif en fonte, à section rectangulaire ou arrondie, autour duquel on la plie soit à coups de masse, soit par des pressions exercées sur ses faces latérales. La tôle est préalablement saisie, suivant sa ligne milieu, au moyen d'une longue pièce de fonte ou de fer, qu'on serre contre le mandrin intérieur par un gros boulon à chaque extrémité. On a des gabarits qu'on place de distance en distance pour indiquer la direction de la varangue à cet endroit, afin de bien incliner les lèvres de la quille de manière qu'elles fassent entre elles l'angle voulu. L'étrave et l'étambot se façonnent de la même manière que la quille, sur des mandrins qui, pour les pièces d'étrave, sont courbes au lieu d'être prismatiques.

Souvent les fers d'angle font l'office des arcs-boutants en bois, destinés à maintenir l'étrave et l'étambot, et, plus tard, à épontiller les couples et à former les échafaudages autour du bâtiment. Ces fers d'angle sont percés de trous sur les deux faces ; ce qui facilite les assemblages au moyen de boulons à clavettes ou à écrou.

Après avoir placé la quille, l'étrave et l'étambot, on monte en place chaque membre dont on maintient la forme au moyen de tôles d'ouverture. Si on a une quille creuse, avec des lèvres destinées à se river par-dessus les gabords, alors il faut ménager, entre la quille et les membres, l'épaisseur de ces gabords; ce qui se fait en mettant sur les lèvres de la quille de petites pièces de tôle qui figurent provisoirement ces gabords.

On balance et perpigne les couples absolument comme ceux des bâtiments en bois, puis on procède au placement de lisses en bois qui se fixent à chaque membre au moyen de crochets en fer. Ces crochets saisissent le membre par la côte perpendiculaire au plan diamétral, traversent la lisse en bois et se serrent en dehors par un écrou. Sous cet écrou on place souvent un assez grand nombre de viroles pour obvier à l'excès de longueur du crochet, qu'on ne taraude ordinairement qu'à son extrémité. Les crochets à écrou sont d'un usage continuel dans la mise en place des membres des bâtiments en fer ; aussi en a-t-on une grande provision de différentes longueurs.

Avant le montage de ces membres, on a percé sur chacun d'eux, et normalement à la face qui s'applique contre le bordé, autant de trous pour rivets qu'il y aura de virures de tôle entre la quille et le plat-bord, ces trous étant placés de manière à correspondre à peu près au milieu de chaque feuille. On va voir, à l'instant, le motif de cette disposition.

Après le montage complet de la membrure à l'état de membre simple, les lisses étant en place, on procède au revêtement extérieur, en commençant à tribord et à bâbord à la fois par la virure de gabord, et en montant successivement de virure en virure. Les joints des abouts des tôles se trouvant toujours entre deux membres se terminent complétement, ainsi que ceux des extrémités de chaque virure, avec l'étrave et l'étambot. Quant aux joints longitudinaux, les bandes qui les recouvrent sont placées de bout en bout, en passant sous les membrures, mais elles ne peuvent se river que dans les intervalles.

Chaque tôle est maintenue, en outre, au moyen de boulons à clavette placés dans les trous faits d'avance sur le membre, de manière à correspondre à peu près au milieu de chaque tôle. A mesure que le bordé arrive aux lisses en bois successives, on les enlève et on continue ainsi jusqu'au haut du bâtiment, en soutenant ses flancs au moyen d'épontilles en cornières, dont un bout s'applique sur le bordé et s'y fixe par un boulon passé dans un trou de rivet.

Dans la mise en place de chaque feuille de tôle du bordé il y a deux opérations à signaler. La première, celle de courber la feuille suivant la forme du bâtiment ; la seconde, de la découper exactement, pour la faire coïncider avec ses voisines, et de percer les trous de rivets de manière qu'ils correspondent avec ceux de la tôle déjà en place. Pour donner à chaque feuille du bordé une courbure assez approchée, sans être obligé d'aller la présenter plusieurs fois, on se sert de quatre gabarits qui consistent en baguettes de fer rond, de 1 centim. de diamètre environ ; l'une a été courbée sur les membres suivant la longueur de la tôle, au milieu; deux autres portent les courbures des deux membres extrêmes, et la quatrième est fléchie sur les membres suivant une diagonale de la feuille de tôle. Une fois cette tôle chauffée au fourneau jusqu'au rouge, on la façonne à coups de masse sur une longue enclume en fonte, plane au centre, arrondie sur ses rebords, en lui présentant les quatre gabarits en fer. Ce procédé ne détermine pas rigoureusement la forme de la surface, mais il est suffisamment approché en pratique; la flexibilité de la tôle fait le reste. Quand la courbure à donner à la tôle n'est pas trop irrégulière, on se sert de la machine à rouleaux, au lieu de la façonner à coups de marteau.

Afin de faire appliquer la tôle contre les membres, on se sert de presses ayant la forme de fers à cheval, avec peu d'ouverture et une grande profondeur. Une vis taraudée à l'extrémité d'une des branches est destinée à presser contre l'autre l'objet qu'on veut saisir. La tôle étant ainsi maintenue, on en trace les contours avec un poinçon qu'on appuie sur les tôles déjà placées, et contre lesquelles elle doit arc-bouter. Pour le joint horizontal, s'il est à clin, la nouvelle feuille recouvre les trous de rivets déjà percés dans la précédente; alors, avec un morceau de bois enduit de blanc de céruse délayé dans de l'eau, on marque tous les rivets sur la feuille non percée à travers les trous de l'autre; on trace aussi l'emplacement des membres, celui du rivet déjà percé dans ce membre, puis on renvoie la feuille à l'atelier, où elle est taillée et percée suivant les empreintes. Au milieu des deux traits indiquant la place de chaque membre, on perce le trou marqué au blanc de céruse et deux autres vers les rebords de la feuille ; elle est alors reportée à bord et maintenue encore quelque temps à faux frais, pendant qu'on présente la bande de tôle qui sera placée sur les joints plats. Par le dehors et à travers les trous des deux tôles voisines, on marque les rivets de cette bande, qu'on envoie percer à l'atelier, et qu'on met ensuite en place définitivement. Quand tout le bordé a été ainsi mis en place, il reste à finir les joints sous les membres. A cet effet, on trace sur chaque membre, à travers les trous percés dans les tôles, l'emplacement des rivets qui relieront la membrure au bordé, puis on enlève par pièce et successivement chaque membre, qui, comme nous l'avons vu, n'était encore tenu qu'à faux frais par des boulons à clavette. On finit les joints des tôles à l'emplacement d'un de ces membres, en fraisant les têtes de rivets à l'intérieur, comme on l'a fait partout à l'extérieur, puis on le remet en place après avoir percé à l'atelier les trous des trois rivets sur chaque feuille de bordé, et sur l'autre face de ce membre ceux à 15 centimètres de distance commune, qui serviront plus tard à en faire un membre double. On enlève alors le suivant pour la même opération et ainsi de suite. C'est à cette époque qu'on applique contre chaque membre simple l'autre fer d'angle destiné à le doubler, et qu'on lui fixe le renfort de la varangue.

Les fers d'angle qui servent à relier les cloisons en tôle au bordé extérieur ont d'abord été confectionnés et mis en place à faux frais, comme des membres simples ordinaires; quand, ensuite, le bordé est achevé, on trace, sur les membres de cloisons, les arêtes des virures à clin, ainsi que des bandes longitudinales des joints plats, et on les renvoie à la forge pour être façonnés de manière à suivre tous les contours des joints du bordé, et pour qu'on y perce les trous de rivets. Ceux correspondants dans le bordé se percent et se fraisent avec l'outil à main. On rive alors cette cornière de cloison et on la matte avec soin sur tout son contour. Il convient aussi de procéder le plus tôt possible au mattage de tous les joints du bordé extérieur.

A partir de ce point de l'exécution des bâtiments en fer, le travail ne présente plus rien que de très-simple. On établit les bauquières, on remplace successivement les tôles d'ouverture par les barrots, on achève le pavois supérieur, la guibre et le tableau, puis on borde les ponts; on met en place les carlingues, en ayant soin de ne jamais appliquer une pièce de bois sur le fer, sans avoir préalablement recouvert celui-ci d'une bonne couche de peinture minium, et en interposant du feutre dans diverses parties, comme je l'ai indiqué dans l'exposé des agencements de pièces des bâtiments en fer.

Sans entrer dans plus de détails sur les procédés d'exécution et de mise en place des pièces de ces navires, je pense que les indications précédentes suffiront pour l'intelligence du sujet; et toute personne connaissant le travail des chaudières à vapeur suppléera sans peine à ce que je n'aurais pu dire dans ce dernier article, sans lui donner plus d'étendue que n'en comporte ce rapport.

Imprimerie de Mme Ve BOUCHARD-HUZARD, rue de l'Eperon, 7.

TABLE DES MATIERES.

PREMIÈRE PARTIE.

CONSIDÉRATIONS GÉNÉRALES.

DEUXIÈME PARTIE.

DÉTAILS ET PROCÉDÉS D'EXÉCUTION.

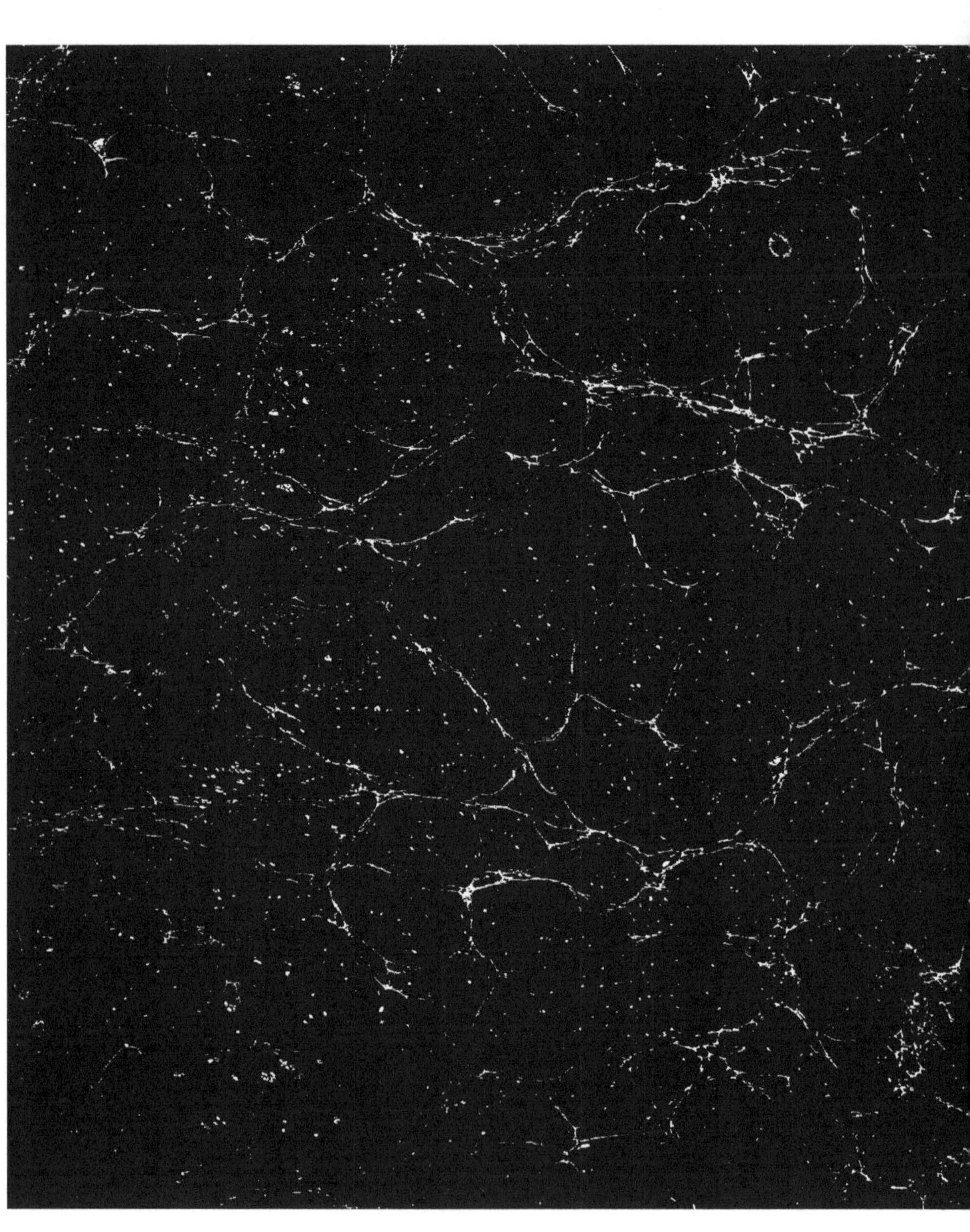

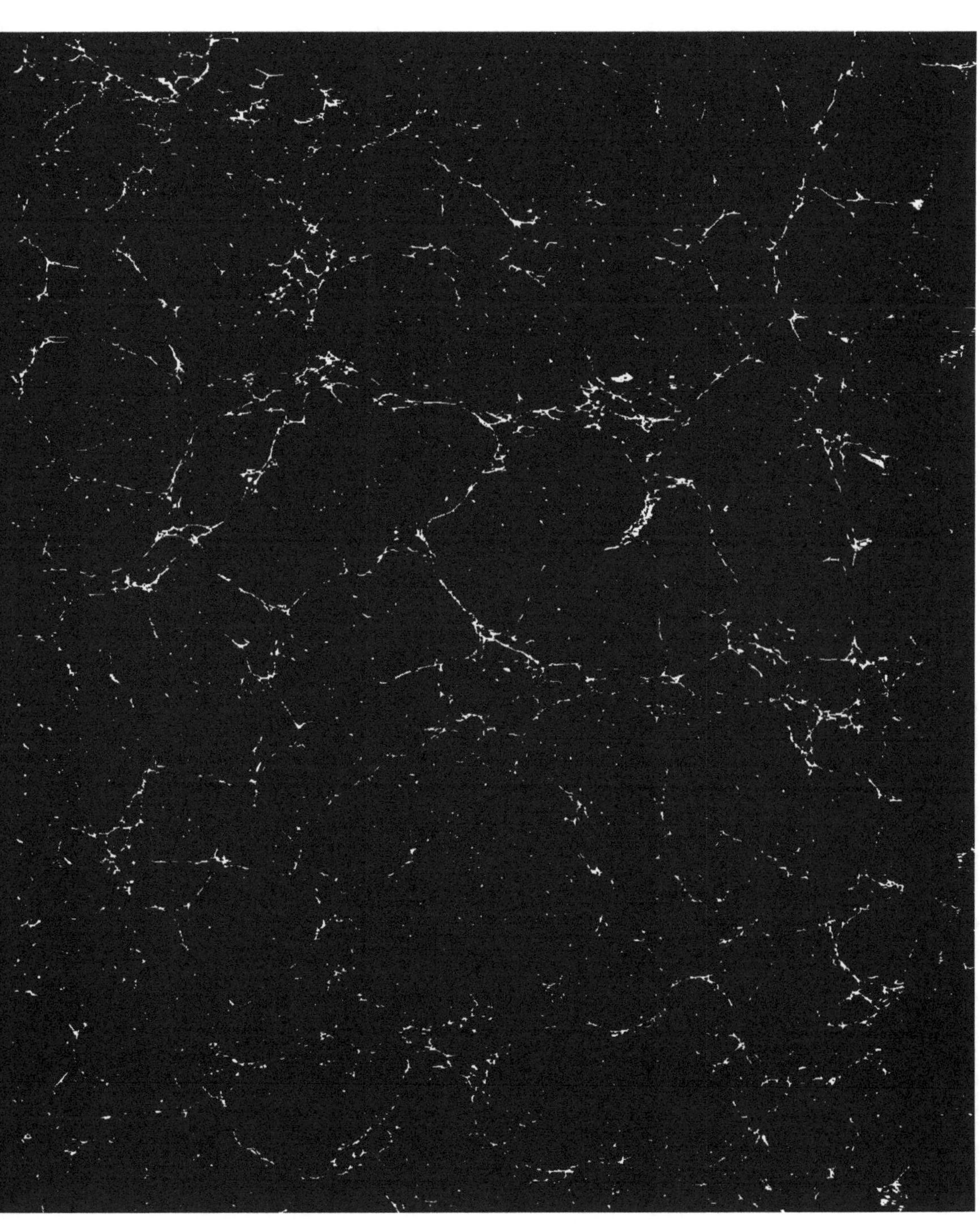

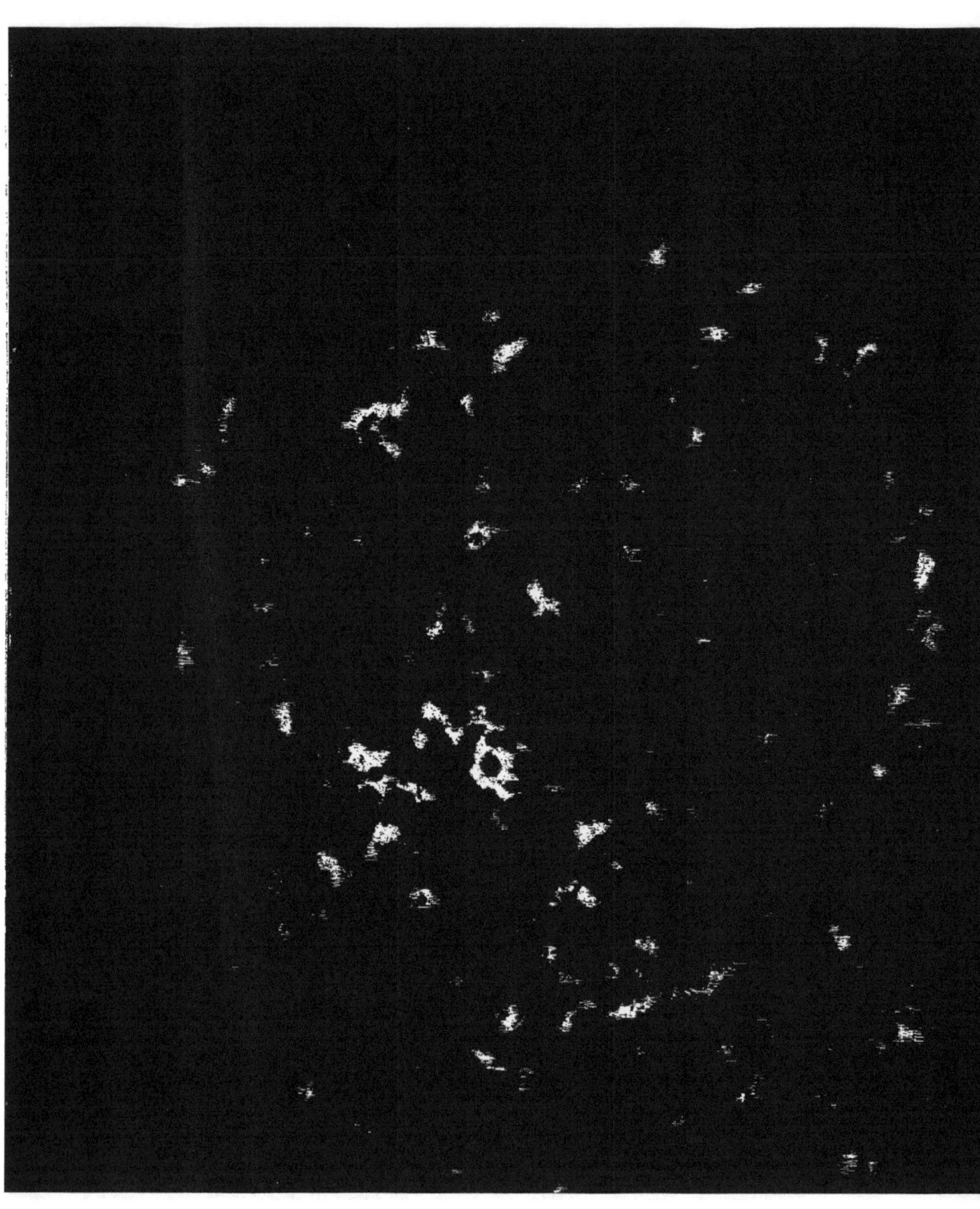

www.ingramcontent.com/pod-product-compliance
Ingram Content Group UK Ltd.
Pitfield, Milton Keynes, MK11 3LW, UK
UKHW031048260726
13965UKWH00006B/971